中等职业学校
建筑工程施工专业核心课程教材

ZHONGDENG ZHIYE XUEXIAO
JIANZHU GONGCHENG SHIGONG ZHUANYE HEXIN
KECHENG JIAOCAI

建筑材料（第2版）

JIANZHU CAILIAO

主编 ■ 刘海堰　黄　梅　胡升耀　谢元亮

重庆大学出版社

内容提要

本书根据教育部中等职业学校土建类相关专业的教学计划和教学大纲以及重庆市中职建筑工程施工专业人才培养指导方案对建筑材料课程的教学要求，并参照有关行业的职业技能鉴定要求及中级技术工人等级考核标准编写而成。全书共分为十个模块，主要内容包括：建筑材料基本知识，气硬性胶凝材料——石灰、石膏，水硬性胶凝材料——水泥，混凝土，建筑砂浆，砌墙砖，砌块，建筑钢材，装饰材料，其他建筑材料。全书按照我国现行的标准、规范进行编写，同时还加入了部分地方材料的内容。

本书可作为中等职业学校建筑工程施工、建筑装饰、工程造价等建筑类专业教材，也可供从事相关专业的工程技术人员及岗位培训人员参考使用。

图书在版编目(CIP)数据

建筑材料 / 刘海堰等主编. -- 2 版. -- 重庆 : 重庆大学出版社, 2021.7

中等职业学校建筑工程施工专业核心课程教材

ISBN 978-7-5624-9840-7

Ⅰ. ①建… Ⅱ. ①刘… Ⅲ. ①建筑材料—中等专业学校—教材 Ⅳ. ①TU5

中国版本图书馆 CIP 数据核字(2021)第 116328 号

中等职业学校建筑工程施工专业核心课程教材

建筑材料

（第 2 版）

主　编　刘海堰　黄　梅

胡升耀　谢元亮

责任编辑:范春青　　版式设计:范春青

责任校对:刘志刚　　责任印制:赵　晟

*

重庆大学出版社出版发行

出版人:饶帮华

社址:重庆市沙坪坝区大学城西路 21 号

邮编:401331

电话:(023) 88617190　88617185(中小学)

传真:(023) 88617186　88617166

网址:http://www.cqup.com.cn

邮箱:fxk@cqup.com.cn(营销中心)

全国新华书店经销

重庆俊蒲印务有限公司印刷

*

开本:787mm×1092mm　1/16　印张:12.75　字数:321 千

2016 年 7 月第 1 版　2021 年 7 月第 2 版　2021 年 7 月第 5 次印刷

印数:12 001—16 000

ISBN 978-7-5624-9840-7　定价:48.00 元

序言

目前党和国家高度重视职业教育，加快发展现代职业教育，弘扬劳动光荣、技能宝贵、创造伟大的时代风尚，就读职业学校日益成为初中毕业生及家长教育消费的理性选择。建筑工程施工专业是重庆市中等职业教育中的大专业，每年为建筑业输送上万名高素质劳动者和技能型人才，为经济社会发展作出了积极贡献。但随着社会的发展，建筑业对职业教育人才培养的目标与规格提出了新的要求，倒逼职业教育课程教学内容及人才培养模式、教学模式、评价模式进行改革与创新。

重庆市土木水利类专业教学指导委员会和重庆市教育科学研究院，得到重庆市教育委员会的大力支持和相关学校的鼎力配合，自觉承担历史使命，于2013年开始酝酿，2014年总体规划设计，2015年全面启动了中等职业教育建筑工程施工专业教学整体改革，以破解问题为切入点，努力实现统一核心课程设置、统一核心课程的课程标准、统一核心课程的教材、统一核心课程的数字化教学资源开发、统一核心课程的题库建设和统一核心课程的质量检测等“六统一”目标，进而大幅度提升人才培养质量，根本性改变“读不读一个样”的问题，持续性增强中等职业教育建筑工程施工专业的社会吸引力。

此次改革确定的8门核心课程分别是：建筑材料、建筑制图与识图、建筑CAD、建筑工程测量、建筑构造、建筑施工技术、施工组织与管理、建筑工程安全与节能环保，既原则性遵循了教育部发布的建筑工程施工专业教学标准，又结合了重庆市的实际，还充分吸纳了相关学校实施国家中等职业教育改革发展示范学校建设计划项目的改革成果。

从教材编写创新方面讲，本套教材充分体现了“任务型”教材的特点，其基本的体例为“模块+任务”，每个模块的组成分为四个部分：一是引言；二是学习目标；三是具体任务；四是考核与鉴定。每个任务的组成又分为五个部分：一是任务描述与分析；二是方法与步骤；三是知识与技能；四是拓展与提高；五是思考与练习。使用本套教材，需要三个方面的配套行动：一是配套使用微课资源；二是配套使用考试题库；三是配套开展在线考试。建议的教学方法为“五环四步”，即每个模块按照“能力发展动员、基础能力诊断、能力发展训练、能力水平鉴定和能力教学反思”五个环节设计；每个任务按照“任务布置、协作行动、成果展示、学习评价”四个步骤进行。

本套教材的编写机制为编委会领导下的编者负责制，每本教材都附有编委会名单，同时署具体编写人员姓名。在本套教材编写过程中，得到了重庆大学出版社、重庆浩元软件公司等单位的积极配合，在此表示感谢！

系列教材编委会副主任（执行）
谭绍华
2015 年 7 月 30 日

前　言

建筑材料是中等职业学校建筑工程施工专业的一门专业基础课程，是从事建筑施工、工程测量、工程造价等岗位工作的必修课程。其主要功能是让学生掌握常用建筑材料及其制品的性能特点和质量标准，具备对常用建筑材料进行抽样检测、质量判定、合理选用和储运保管的能力，并为学习“建筑施工技术”“建筑构造”“建筑工程计量与计价”等课程奠定基础。

本课程的设计思路：以工作任务与职业能力分析结果为依据确定课程目标，设计课程内容；以工作任务为主线构建“模块 + 任务”“思考与练习 + 考核与鉴定”的课程体系。按工作过程设计学习过程，通过典型工作任务对学生有针对性地开发学习情景，创设学习条件，使其掌握常用建筑材料的性能及选用，逐步形成由简单到复杂、由单一到综合的相关职业能力。

本课程的目标是培养能胜任施工员、测量员、资料员、材料员、钢筋工、砌筑工、预算员等岗位工作，具备合理选用及应用建筑材料能力的人才。立足这一目的，本课程结合相关岗位的职业资格标准和中职学生身心发展特点、技能人才培养规律的要求，依据典型工作任务及工作能力分析要求，得出知识、技能和职业素养三个方面的具体目标，教材编写、教师授课、教学评价都应依据这一目标定位进行。

本课程总计 56 学时，与“建筑制图与识图”等课程同时开设。

本书是以“能力为本、理实一体”的专业核心课程教材，学习中必须坚持理论联系实际，充分利用“五环四步”教学模式，应用幻灯片、录像、微课等电化教学手段及采用任务驱动、合作探究、观察、实际操作等教法进行直观教学，给学生更多的学习机会，寓学于乐，做到学有所得，学以致用，提高建筑材料应用技能水平。

本书由垫江职教中心刘海堰、渝北职教中心黄梅、渝北职教中心胡升耀、重庆建筑技工学校谢元亮共同完成编写。编写分工如下：刘海堰编写了模块一、模块二、模块三，黄梅编写了模块四、模块五、模块八，胡升耀编写了模块六、模块七、模块九、模块十。重庆建筑技工学校谢元亮参加了模块四、模块五、模块八的修编工作。

在本书编写过程中参阅了有关部门编制和发布的文件，参考并引用了相关书籍和资料，在此谨向文献的作者表示衷心感谢。

由于编者水平、学识、经验有限，尽管编者尽心尽力，本书内容难免有疏漏或未尽之处，敬请有关专家和广大读者予以批评指正。

编　者

2021年3月

目 录

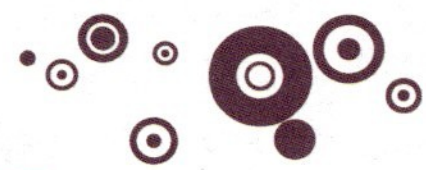

模块一　建筑材料基本知识

建筑物从其主体结构直至每一个细部和附件，无一不是由各种建筑材料构成的。如石材、石灰、水泥、混凝土、钢材、防水材料、建筑塑料、建筑装饰材料等，都是基本的建筑材料。它们是进行各项基本建设的重要物质基础，对我国的经济建设起着十分重要的作用。

本模块主要学习建筑材料的基本知识，其任务有三个，即掌握建筑材料的分类、了解建筑材料的作用及发展、掌握建筑材料技术标准分类。

学习目标

(一)知识目标

1. 能记住建筑材料的定义，理解建筑材料技术标准概念；
2. 能掌握建筑材料分类及技术标准；
3. 能了解建筑材料的作用及发展。

(二)技能目标

1. 能深入施工现场了解建筑材料的作用及发展趋势；
2. 能应用所学知识，区分不同品种的建筑材料，并能根据材料使用说明正确使用材料。

(三)职业素养目标

1. 具有到工厂、工地(利用参观、实习的机会)了解材料的品种、规格、使用和储存等情况的记录分析能力；
2. 养成理论与实践相结合的学习方法，及时了解有关建筑材料的新品种、新标准及发展方向。

任务一　掌握建筑材料的分类

任务描述与分析

目前我国的建设工程量大、面广，采用的建筑材料品种繁多，虽每种材料的性能、应用等不完全相同，但它也可以按一定的标准进行分类。本任务主要学习建筑材料的定义及分类。

知识与技能

(一) 建筑材料的定义

建筑材料是指土木建筑工程中使用的各种材料及其制品的总称，是工程建设的物质基础。从广义上讲，建筑材料应包括构成建筑物或构筑物实体的材料（钢材、木材、水泥、砂石、砖、防水材料等）、施工过程中所用的辅助材料（脚手架、模板等）以及各种配套器材（水、电、暖、空调设备等）。

本书涉及的建筑材料主要是指构成建筑物或构筑物实体的材料。

(二) 建筑材料的分类

(1) 按材料所处的建筑物部位不同，建筑材料可分为主体结构材料、屋面材料、地面材料、墙体材料、装饰材料等。

(2) 按化学成分的不同，建筑材料可分为无机材料、有机材料和复合材料三大类，各大类又可进行更细的分类，见表 1-1。

表 1-1　建筑材料按化学成分分类

<table>
<tr><th colspan="3">分　类</th><th>实　例</th></tr>
<tr><td rowspan="7">无机材料</td><td rowspan="2">金属材料</td><td>黑色金属</td><td>钢、铁及其合金，合金钢，不锈钢等</td></tr>
<tr><td>有色金属</td><td>铜、铝及其合金等</td></tr>
<tr><td rowspan="5">非金属材料</td><td>天然石材</td><td>砂、石及石材制品</td></tr>
<tr><td>烧土制品</td><td>黏土砖、瓦、陶瓷制品等</td></tr>
<tr><td>胶凝材料及制品</td><td>石灰、石膏及其制品，水泥及混凝土制品，硅酸盐制品等</td></tr>
<tr><td>玻璃</td><td>普通平板玻璃、特种玻璃等</td></tr>
<tr><td>无机纤维材料</td><td>玻璃纤维、矿物棉、碳纤维等</td></tr>
<tr><td rowspan="3">有机材料</td><td colspan="2">植物材料</td><td>木材、竹材、植物纤维及其制品等</td></tr>
<tr><td colspan="2">沥青材料</td><td>煤沥青、石油沥青及其制品等</td></tr>
<tr><td colspan="2">合成高分子材料</td><td>塑料、涂料、胶黏剂、合成橡胶等</td></tr>
</table>

续表

分类		实例
复合材料	有机与无机非金属材料复合	聚合物混凝土、玻璃纤维增强塑料等
	金属与无机非金属材料复合	钢筋混凝土、钢纤维混凝土等
	金属与有机材料复合	PVC 钢板、有机涂层铝合金板、塑钢门窗等

（3）按使用功能的不同，建筑材料可分为结构材料（梁、板、柱所用材料等）、围护材料（墙体、屋面材料等）和功能材料（防水、保温、装饰材料等）。

拓展与提高

新型建筑材料

新型建筑材料是在传统建筑材料基础上产生的新一代产品，并已在建筑工程中成功应用，具有代表建筑材料发展方向的建筑材料，主要包括新型建筑结构材料、新型墙体材料、保温隔热材料、防水密封材料和装饰装修材料。

凡具有轻质高强和多功能的建筑材料，均属于新型建筑材料。即使是传统建筑材料，为满足功能需要再复合或组合所制成的材料，也属于新型建筑材料。

复合多功能建筑材料

复合多功能建筑材料是指在满足一个主要的建筑功能的基础上，附加其他使用功能的建筑材料。如重庆市某建筑材料厂生产的无机保温砂浆，不仅强度高，还保温隔热。

思考与练习

（一）填空题

1. 建筑材料按化学成分不同，分为________、________、________；按功能不同，分为________、________、________。

2. 无机材料分为________和________。有机材料分为________、________、________。

（二）简答题

1. 什么是建筑材料？广义上的建筑材料包括哪些？

2. 建筑材料有哪几种分类方法？

3. 什么是新型建筑材料？什么是复合多功能建筑材料？

任务二　了解建筑材料的作用及发展

任务描述与分析

随着人类社会的不断发展进步，建筑材料的需求量越来越大，对建筑材料的质量性能等方面的要求也越来越苛刻，原有的一些材料已逐渐难以满足需求，这必将促进建筑材料的发展，以满足人类社会发展的需要。本任务主要了解建筑材料的作用及发展。

知识与技能

（一）建筑材料的作用

建筑材料是人类生产与生活中一项重要的基础物质。建筑材料的性能、品质，直接关系到建筑产品的适用、安全、经济、美观和耐久性，在建筑工程中起着十分重要的作用。

（1）建筑材料是一切建筑工程的物质基础，决定着建筑形式和施工方法。

（2）建筑材料决定着工程造价和经济效益。在工程造价中材料费用占有较大的比重，一般占50%～70%。

（3）建筑材料的质量直接关系到建筑工程的质量和耐久性。

（4）品种多样、质量良好的新型建筑材料是丰富建筑艺术效果、实现建筑功能的重要物质保证。

（二）建筑材料的发展

建筑材料是随着人类社会生产力和科学技术水平的提高而逐渐发展起来的。

人类最初是“穴居巢处”。随着生产力的发展，人类进入能制造简单工具的石器时代，开始挖土凿石为洞，伐木搭竹为棚，利用天然材料建造简单的土木工程。

到了人类能够用黏土烧制砖、瓦，用岩石烧制石灰、石膏之后，建筑材料开始进入人工合成阶段，为较大规模建造土木工程创造了条件。我国砖瓦使用较晚，但后来居上，秦汉时期就进入世界前列，奠定了中国在世界建材史上的地位。至今世界上仍然保留着许多经典的古建筑，如埃及金字塔（图 1-1），长城（图 1-2）、布达拉宫（图 1-3）和赵州桥（图 1-4），罗马圆剧场（图 1-5）等，均显示了古代建筑技术及材料应用方面的辉煌成就。

进入 20 世纪后，由于社会生产力突飞猛进，以及材料科学和工程学的形成和发展，不仅使建筑材料异军突起，一些具有特殊功能的新型材料，如绝热材料，吸声、隔声材料，各种装饰材料，耐热、防火材料，防水、抗渗材料以及耐磨、耐腐蚀、防爆、防辐射材料和其他环保材料等应运而生，并得到广泛的应用。新中国成立后，特别是改革开放以来，建筑材料的生产得到了快速发展。1995 年之后，我国的水泥、平板玻璃、建筑卫生陶瓷、滑石等部分非金属矿物产量及钢产量已位居世界第一，成为名副其实的建材生产大国。

进入 21 世纪，建筑材料将向高强、轻质、多功能、绿色建材、节能环保、适应机械化施工等方向发展。

图 1-1　埃及金字塔

图 1-2　长城

图 1-3　布达拉宫

图 1-4　赵州桥

图 1-5　罗马圆剧场

拓展与提高

绿色建材

绿色建材又称生态建材、环保建材和健康建材，指健康型、环保型、安全型的建筑材料，是采用清洁生产技术，少用天然资源和能源，大量使用工业和城市固态废物生产的无毒、无污染、无放射性、有利环境保护和人体健康的材料，在国际上也称为健康建材或环保建材。绿色建材不是指单独的建材产品，而是对建材健康、环保、安全品性的评价。它注重材料对人体健康和环保所造成的影响及安全防火性能。它具有消磁、消声、调光、调温、隔热、防火、抗静电等性能，并且还有调节人体机能的特种新型功能建筑材料。

思考与练习

(一)填空题

1. 建筑材料的________和________直接关系到建筑产品的适用、安全、经济、美观和耐久性。

2. 我国砖瓦使用较晚，但后来居上，________时期就进入世界的前列。

(二)简答题

1. 建筑材料的作用有哪些？

2. 建筑材料的发展方向有哪些？

3. 什么是绿色建材？有何特点？

任务三　掌握建筑材料技术标准分类

任务描述与分析

俗话说“没有规矩，不成方圆”，说明立规定准的重要性。世界各国对材料标准都很重视，改革开放后，我国为了与世界接轨，除制定国内各行业的标准外，还积极参与国际标准的制定工作，为扩大对外贸易作出了应有的贡献。本任务主要学习建筑材料技术标准的定义及分类。

知识与技能

（一）定义

建筑材料技术标准是指针对原材料、产品及工程质量、规格、检验方法、评定方法及应用技术等作出的技术规定。

对各种建筑材料都必须有一个统一的标准，这些标准一般包括产品规格、分类、技术要求、检验方法、验收规则、标志、运输和储存等方面的内容。

技术标准是衡量产品质量是否合格的技术依据。对于生产企业，必须按标准生产合格的产品，同时可促进企业改善管理，提高生产率，实现生产过程合理化。对于使用部门，应当按标准选用材料，使设计和施工标准化，从而加快施工进度，降低工程造价。同时，技术标准也是供需双方对产品质量验收的依据。

（二）材料技术标准分类

1. 我国标准

我国材料产品的标准分为国家标准、行业标准、地方标准及企业标准四类。

1)国家标准

国家标准由国家标准化主管机构批准发布,适用范围为全国。如:GB——国家强制性标准,任何技术或产品不得低于其中规定的要求;GB/T——国家推荐性标准,它表示可以执行其他标准,为非强制性的标准;GBJ——建筑工程国家标准。

2)行业标准

行业标准是由各行业主管部门为规范本行业的产品质量而制定的技术标准,适用范围为全国性的某行业。如:JC——建筑材料行业标准;JGJ——建筑工程行业标准;JT——交通行业标准;YB——冶金行业标准;HJ——环境行业标准。

3)地方标准

地方标准(代号 DB)是由地方主管部门发布的地方性技术指导文件,适合在该地区使用。

4)企业标准

企业标准(代号 QB)仅适用于制定标准的企业。凡没有制定国家标准、行业标准的产品,均应制定相应的企业标准。企业标准的技术要求应高于类似(或相关)产品的国家标准。

标准的一般表示方法是由标准名称、部门代号、标准编号和颁布年份组成。如《通用硅酸盐水泥》(GB 175—2007),其中"通用硅酸盐水泥"为标准名称,"GB"为国家标准代号,"175"为标准编号,"2007"为标准颁布年份;又如《粉煤灰混凝土小型空心砌块》(JC/T 862—2008)是建材行业的推荐性标准,"862"为标准编号,"2008"为标准颁布年份。

注意:一方面,技术标准反映一个时期的技术水平,具有相对稳定性;另一方面,所有技术标准应根据技术发展的速度与要求不断进行修订。

2. 国际标准

加入 WTO 以来,为了使建筑材料工业的发展赶上世界步伐,促进建筑业的科技进步,提高产品质量和标准化水平,扩大建筑材料的对外贸易,我国采用和参与制定了国际通用标准和先进标准。常用的国际标准有以下几类:

(1)世界范围内统一使用的国际标准化组织标准(ISO)。

(2)国际上有影响的团体标准和公司标准,如美国材料与试验协会标准(ASTM)。

(3)区域性标准是指工业先进国家(区域)的标准,如德国工业标准(DIM)、欧洲标准(EN)、英国的"BS"标准、日本的"JIS"标准。

拓展与提高

国际标准化组织简介

国际标准化组织(简称 ISO)是一个全球性的非政府组织,是国际标准化领域中一个十分重要的组织,成立于 1946 年,现有成员 117 个,总部设在瑞士日内瓦。中国 1978 年加入该组织,是 ISO 的正式成员国,代表中国参加 ISO 的国家机构是中国国家技术监督局(CSBTS)。在 2008 年 10 月的第 31 届国际标准化组织大会上,中国正式成为 ISO 的常任理事国。

思考与练习

(一)填空题

1. 国家强制性标准的代号是________,国家推荐性标准的代号是________,地方标准的代号是________,企业标准的代号是________。

2. ISO 是________________标准,DIM 是________________标准。

(二)简答题

1. 简述建筑材料技术标准的定义及我国材料标准分类。

2.《普通混凝土配合比设计规程》(JGJ 55—2011)的标准代号表示什么含义?

3. 什么是国际标准化组织?我国是何时加入的?

考核与鉴定一

(一)单项选择题

1. 下列材料属于无机材料的是(　　)。

A. 金属材料　　B. 植物材料　　C. 复合材料　　D. 有机材料

2. 下列材料不属于有机材料的是(　　)。

A. 木材　　B. 塑料　　C. 玻璃　　D. 沥青

3. 下列材料属于复合材料的是(　　)。

A. 碳纤维　　B. 花岗石　　C. 轻质彩钢夹芯板　　D. 石灰

4. 下列材料属于有机材料的是(　　)。

A. 金属材料　　B. 非金属材料　　C. 合成高分子材料　　D. 复合材料

5. 材料费用占工程造价的比重一般为(　　)。

A. 10%~20%　B. 20%~30%　C. 30%~40%　D. 50%~70%

6. 下列材料属于非金属无机材料的是(　　)。

A. 钢材　B. 水泥　C. 木材　D. 塑钢窗

7. 代号“JT”表示(　　)。

A. 交通行业标准　B. 健康行业标准　C. 建材行业标准　D. 冶金行业标准

8. 下列各项是我国材料标准代号的是(　　)。

A. ISO　B. ASTM　C. GB　D. BS

9.《建设用砂》(GB/T 14681—2011)中“2011”表示的是(　　)。

A. 标准编号　B. 标准名称　C. 部门代号　D. 颁布年份

10. 标准代号用汉语拼音表示,地方标准的代号是(　　)。

A. GB　B. GB/T　C. DB　D. QB

11. 我国国家推荐性标准代号是(　　)。

A. GB　B. GB/T　C. QB　D. DB

12. 国际标准化组织简称是(　　)。

A. ISO　B. GB　C. GZ　D. EN

13. 行业标准适用于(　　)。

A. 全国各行业　B. 全国某行业　C. 地区使用　D. 企业使用

14. “ISO”使用范围为(　　)。

A. 全世界　B. 某国　C. 某区域　D. 某地区

15. 建筑材料技术标准是指针对原材料、产品及工程质量、规格、检验方法、评定方法及(　　)技术等作出的技术规定。

A. 保管　B. 应用　C. 性质　D. 生产

16. 我国的建筑材料标准中,具有法律效应的是(　　)。

A. 国家强制性标准　B. 行业标准　C. 地方标准　D. 企业标准

(二)多项选择题

1. 下列属于有机材料的是(　　)。

A. 植物材料　B. 沥青材料　C. 合成高分子材料

D. 复合材料　E. 金属材料

2. 建筑材料按化学成分可分为(　　)。

A. 功能材料　B. 墙体材料　C. 无机材料

D. 有机材料　E. 复合材料

3. 建筑材料的性能、质量和价格直接关系到建筑产品的(　　)。

A. 适用　B. 经济　C. 安全

D. 美观　E. 耐久性

4. 新型建筑材料主要包括(　　)。

A. 新型建筑结构材料　B. 新型建筑墙体材料

C. 新型保温隔热材料　D. 新型防水密封材料

E. 新型装饰装修材料

5. 绿色建材是指(　　)的建筑材料。

A. 健康型　　B. 环保型　　C. 安全型

D. 绿颜色型　　E. 红颜色型

6. 发展适合机械化施工的材料和制品主要是便于(　　)。

A. 设计标准化　　B. 结构装配化　　C. 预制工厂化

D. 施工机械化　　E. 以上都不对

7. 我国材料国家标准有(　　)。

A. GB　　B. GB/T　　C. GBJ　　D. JC　　E. YB

8. 建筑材料在建筑工程中起的作用有(　　)。

A. 是一切建筑工程不可缺少的物质基础

B. 决定工程造价和经济效益

C. 直接影响工程质量和耐久性

D. 影响建筑美观

E. 影响艺术效果

9. 建筑材料的发展方向有(　　)。

A. 高强轻质　　B. 多功能　　C. 绿色环保

D. 节能　　E. 适应机械化施工

10. 下列材料属于复合材料的是(　　)。

A. 聚合物混凝土　　B. 合成橡胶　　C. 钢筋混凝土

D. 塑钢门窗　　E. 水泥

11. 下列材料属于按使用功能不同分类的是(　　)。

A. 结构材料　　B. 围护材料　　C. 功能材料

D. 复合材料　　E. 有机材料

12. 下列标准属于国际标准的是(　　)。

A. DIM　　B. EN　　C. ISO　　D. JIS　　E. GB

13. 下列标准属于我国标准代号的是(　　)。

A. JC　　B. JGJ　　C. YB　　D. HJ　　E. ISO

14.《混凝土路面砖》(GB 28635—2012)表述正确的项是(　　)。

A. “混凝土路面砖”为标准名称

B. “GB”表示国家标准

C. “28635”为标准颁布年份

D. “2012”为标准颁布年份

E. “28635”为标准编号

15. 我国材料标准分为(　　)。

A. 国家标准　　B. 行业标准　　C. 地方标准

D. 企业标准　　E. 区域标准

16. 建筑材料技术标准一般包括(　　)等方面的内容。

A. 产品规格　　B. 技术要求　　C. 检验方法

D. 标志　　　　　　E. 运输和储存

(三)判断题

1. 新型建筑材料是最近生产还没应用的材料。 (　　)
2. 建筑材料是指建筑工程中使用的各种材料及其制品的总称。 (　　)
3. 建筑材料是指施工过程中所用的辅助材料以及各种配套器材。 (　　)
4. 建筑材料是土木工程中使用的各种材料及其制品的总称。 (　　)
5. 大理石属于无机材料。 (　　)
6. 按所处的建筑部位不同,建筑材料可分为结构材料、围护材料和功能材料。 (　　)
7. 复合多功能材料是具有一个主要功能并附加了其他功能的材料。 (　　)
8. 建筑材料是随着人类社会生产力和科学技术水平的提高而逐渐发展起来的。 (　　)
9. 绿色建材是指颜色只是绿色的建材。 (　　)
10. 建筑材料的性能、质量和价格,直接关系到建筑产品的适用、安全、经济、美观和耐久性。 (　　)
11. 技术标准是衡量产品质量是否合格的技术依据。 (　　)
12. 技术标准一经确定,今后不得修改。 (　　)
13. 企业标准代号是 QL。 (　　)
14. 我国是 ISO 的成员国之一。 (　　)
15. GB/T 表示可以执行其他标准。 (　　)
16. 我国材料标准分为四类。 (　　)
17. GBJ 表示建筑工程国家标准。 (　　)
18. 企业标准应低于类似或相关产品的国家标准。 (　　)

模块二　气硬性胶凝材料——石灰、石膏

石灰、石膏是一种古老的气硬性无机胶凝材料。早在公元5世纪的南北朝时期，先辈们就利用石灰拌制三合土，夯打成最坚实的土墙。4 000多年前建造的古埃及最大的胡夫金字塔（图2-1）就采用了石膏砂浆来黏结和砌筑石块。由于石膏砂浆具有较好的建筑特性，该材料现今仍被广泛运用。

本模块主要学习石灰、石膏的特性及应用，其任务有三个，即了解胶凝材料的定义及分类，掌握气硬性胶凝材料——石灰、石膏的性能，掌握气硬性胶凝材料——石灰、石膏的应用及保管。

图2-1　埃及胡夫金字塔

学习目标

（一）知识目标

1. 能记住胶凝材料的概念、分类及区别；

2. 能熟记石灰、石膏的主要特性，能知道石灰、石膏的适用范围；
3. 能理解生石灰的熟化及石灰、石膏的凝结硬化机理；
4. 能知道石灰、石膏的生产原料与生产工艺。

(二)技能目标

1. 能依据石灰熟化时加水的多少配制石灰膏、石灰乳(浆)、消石灰；
2. 能根据工程实际情况，正确合理地使用石灰、石膏。

(三)职业素养目标

1. 熟化石灰操作时，要具有不怕苦、不怕累的精神；
2. 养成环保意识，现场参观或操作时要听从指挥、注意安全。

任务一　了解胶凝材料的定义及分类

任务描述与分析

胶凝材料是建筑工程中使用最多，也是最重要的一种建筑材料，主要按化学成分分类。本任务主要要求能记住胶凝材料的概念、分类，理解其区别。

知识与技能

(一)胶凝材料的定义

胶凝材料又名胶结材料，是指在一定的条件下，经过一系列物理、化学作用，能将散粒状或块状材料黏结成整体并具有一定强度的材料。

(二)胶凝材料的分类

胶凝材料按其化学组成，可分为有机胶凝材料和无机胶凝材料两大类。无机胶凝材料按硬化条件的不同，分为气硬性胶凝材料和水硬性胶凝材料。

- 胶凝材料
  - 无机胶凝材料（以无机化合物为基本成分）
    - 气硬性胶凝材料（如石灰、石膏等）
    - 水硬性胶凝材料（如各种水泥）
  - 有机胶凝材料（以天然的或合成高分子化合物为基本成分，如沥青、树脂、橡胶等）

（三）特点及适用范围

气硬性胶凝材料只能在空气中凝结硬化，保持或继续发展其强度，如石灰、石膏等。气硬性胶凝材料的耐水性一般较差，因此只适用于干燥环境，而不宜用于潮湿环境，更不可用于水中。水硬性胶凝材料不仅能在空气中凝结硬化，还能更好地在水中硬化，保持或继续发展其强度，如各种水泥。水硬性胶凝材料既适用于地上工程，也适用于地下或水中工程。

拓展与提高

长城

长城又称“万里长城”（图 1-2），是我国古代的军事性工程。长城始建于周朝，修建长度超过 5 000 km。国家文物局 2012 年 6 月 5 日在北京居庸关长城宣布，中国历代长城总长度为 21 196. 18 km，由砖、石砌筑，胶凝材料为石灰，被称为“世界奇迹”之一。

思考与练习

（一）填空题

1. 无机胶凝材料按硬化条件的不同，分为________和________两大类。
2. 石灰、石膏属于________胶结材料，水泥属于________ 胶结材料。

（二）简答题

1. 什么是胶凝材料？根据化学成分可将其分为哪两个大类？

2. 什么是气硬性胶凝材料？什么是水硬性胶凝材料？二者在哪些性能上有显著的差异？

任务二　掌握气硬性胶凝材料——石灰、石膏的性能

任务描述与分析

石灰、石膏是土木工程中使用较早的矿物胶凝材料。因其原材料蕴藏丰富、分布广，生产工艺简单，成本较低，使用方便，具有较好的建筑性能，至今仍有广泛用途。本任务主要学习石灰的熟化，石灰、石膏的硬化，石灰及石膏的性能等知识。

知识与技能

(一)石灰

1. 石灰的生产及分类

1)石灰的生产

生产石灰的主要原料是以碳酸钙($CaCO_3$)为主要成分的天然岩石，如石灰石(图 2-2)、白云石等，原料中要求黏土杂质含量应小于 8%。将石灰原料在窑炉(图 2-3)中高温煅烧，可分解成块状、粒状或粉状生石灰，简称石灰(图 2-4)，生石灰的主要成分是氧化钙(CaO)。

图 2-2　石灰石

图 2-3　窑炉

图 2-4　石灰

生产石灰时，煅烧温度的高低对石灰质量有很大影响。正常煅烧温度(1 000 ℃左右)和煅烧时间所得的煅烧良好的石灰称为正火石灰，其质轻色匀，产浆量高。若煅烧温度低或煅烧时间短，石灰表层部分为正火石灰，而内部会有未分解的石灰石硬心，则称为欠火石灰。欠火石灰产浆量低，降低了石灰的利用率，属于废品石灰。若煅烧温度过高或高温持续时间过长，则产生过火石灰。过火石灰颜色较深，密度较大，表面常被黏土杂质融化形成的玻璃釉状物包

裹，熟化很慢，当石灰浆体硬化后，其中过火颗粒才开始熟化，使局部体积膨胀，引起硬化砂浆或石灰制品隆起和开裂，影响工程质量。过火石灰经陈伏后可以使用。

石灰原料中还含有少量的碳酸镁（$MgCO_3$），经煅烧后生成氧化镁（MgO）。由于 MgO 的烧成温度比 CaO 低，当石灰烧成时，MgO 已达到过火状态，结构致密，水化速度很慢。因此，当其含量过多时，对石灰的使用也会产生不利影响。

2）石灰的分类

（1）石灰按煅烧温度不同，分为欠火石灰、过火石灰、正火石灰。

（2）石灰按 MgO 含量不同，分为钙质石灰（MgO 的质量分数≤5%时）、镁质石灰（MgO 的质量分数 >5%时）。

2. 石灰的熟化和硬化

1）石灰的熟化

石灰在使用前，一般要加水拌和，生石灰与水作用生成熟石灰的过程称为石灰的熟化（也叫石灰的消化、消解），生石灰又称为消石灰，即氢氧化钙[$Ca(OH)_2$]。

生石灰在熟化过程中放出大量热量（称水化热），体积迅速增加 1～2.5 倍。一般煅烧良好、杂质少、氧化钙含量高的生石灰熟化较快，放出的热量和体积增大也较多。

根据熟化时加水量的多少，可将生石灰分别熟化为石灰膏、石灰乳（浆）、消石灰粉三种成品。

（1）石灰膏。将块状生石灰放入化灰池中，用过量的水熟化成石灰乳，然后经筛网流入储灰池，石灰乳经沉淀两周后除去多余的水分得到的膏状物即为石灰膏，其主要成分为氢氧化钙和水。为了消除过火石灰对工程的危害，在使用前必须使其完全熟化或将其去除。常采用的方法是在熟化过程中先将较大的过火石灰块利用筛网等去除（同时也去除较大的欠火石灰块），然后让石灰乳浆在储灰池中存放两周以上，即“陈伏”，使较小的过火石灰块熟化，如图 2-5 所示。陈伏期间，石灰乳浆表面应保持一定厚度的水层，以隔绝空气，避免碳化。

图 2-5　消化石灰

（2）石灰乳（浆）。石灰乳（浆）是由石灰加过量的水而得到的浆体，其主要成分为氢氧化钙和水。

（3）消石灰粉（又称熟石灰粉）。消石灰粉是在生石灰中均匀加入适量的水，熟化得到的粉状熟石灰粉，其主要成分为氢氧化钙，加水量以能充分熟化而又不过湿成团为宜。工地现场常采用淋灰（在生石灰中均匀加入适量的水，熟化得到的粉状熟石灰粉）的方法制得。

由于工地现场石灰熟化释放热量和粉尘不符合施工现场环保的要求，目前已较少在施工现场陈伏处理和喷淋熟化，多在工厂中将块状生石灰加工成生石灰粉、消石灰粉、石灰膏或石灰乳（浆），再供应使用，如图 2-6 所示。现在市场上出现的袋装生石灰粉，可不预先熟化、陈伏而直接使用，既环保又省时，因其施工质量好等优点而被大量广泛地使用，如图 2-7 和图 2-8 所示。

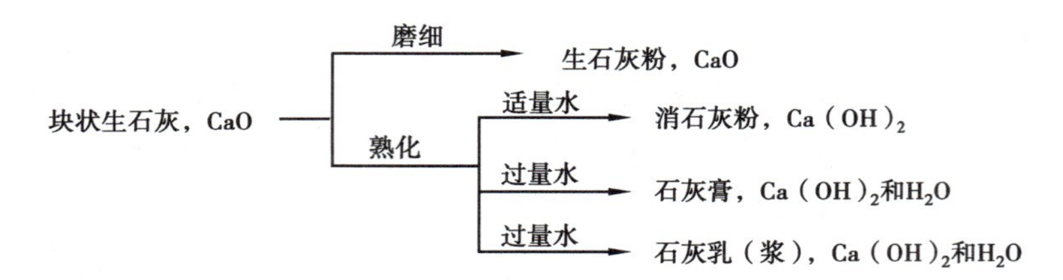

图 2-6　石灰的加工及其产品示意图

图 2-7　袋装石灰粉

图 2-8　石灰粉

2)石灰的硬化

石灰在空气中的硬化,包括以下两个同时交错进行的过程:

(1)干燥结晶过程。石灰浆体在干燥过程中水分逐渐蒸发,氢氧化钙逐渐结晶析出,并使浆体紧缩而产生强度。

(2)碳化过程。浆体中的氢氧化钙与空气中的二氧化碳和水作用,生成碳酸钙并析出水,蒸发而使石灰硬化。

氢氧化钙的结晶作用主要发生在内部,碳化作用主要发生在与空气接触的表面。当表面生成致密的碳酸钙薄膜后,不但阻碍二氧化碳往内部渗入,同时也阻碍了内部水分向外蒸发,使氢氧化钙结晶、碳化作用进行得也较慢,因此石灰的硬化是一个相当缓慢的过程。

从上述两个硬化过程可以看出,它们都需要在空气中才能进行,也只能在空气中才能继续发展并提高其强度。因此石灰是气硬性胶凝材料,只能用于干燥环境的建筑工程中,不能用于潮湿环境或水中,否则不能完成硬化。

3. 石灰的特性

(1)可塑性和保水性好。因氢氧化钙离子表面可吸附水膜,降低颗粒之间的摩擦,所以生石灰熟化成的石灰膏具有良好的可塑性和保水性。将其掺入水泥砂浆中,砂浆的和易性显著提高,便于施工。

(2)凝结硬化慢、强度低。从石灰浆体的硬化过程可以看出,石灰是硬化缓慢的材料。硬化浆体的主要水化产物是氢氧化钙和表面少量的碳酸钙,由于氢氧化钙强度较低,故硬化浆体的强度也较低,不能用于强度要求较高的部位。

(3)耐水性(材料抵抗水破坏作用的性质)差。石灰水化产物氢氧化钙易溶于水,硬化后若长期受潮或被水浸泡会溶解溃散,因此石灰不能用于潮湿环境和水中,也不宜单独用于建筑物基础。

(4)硬化时体积收缩大。石灰浆体在硬化过程中,由于蒸发出大量的水分,引起体积收缩，会使石灰制品开裂，所以除调成石灰乳作薄层涂刷外，不宜单独使用。工程上应用时，常在石灰中掺入砂、麻刀、纸筋等，以抵抗收缩引起的开裂，增加抗拉强度。

(5)吸湿性强。块状生石灰在放置过程中会缓慢吸收空气中的水分而自动熟化成消石灰粉，再与空气中的二氧化碳作用生成碳酸钙，失去胶结能力。储存生石灰，不但要防止其受潮，而且不宜储存过久。

4. 石灰的质量评定

建筑工程中所用的石灰常分三个品种：建筑生石灰、建筑生石灰粉和建筑消石灰粉。在评定它们的质量时，应按照国家技术标准，对石灰进行有效成分含量、未消化残渣含量、产浆量等项目的测定来评定其等级。生石灰中正火石灰含量越多，熟化产浆量越多，未消化残渣含量越少，石灰质量越好。此外，还可进行外观检测，欠火石灰中部颜色比边缘深，质量重，外部疏松中间硬；过火石灰色暗带灰黑色，质量重，质硬，结构紧密；正火石灰呈白色或灰黄色，质量轻，疏松均匀。石灰中的有效成分是指 CaO 和 MgO；未消化残渣是指粒径大于 5 mm 的过火石灰颗粒和欠火石灰颗粒。

(二)石膏

1. 建筑石膏的生产与凝结硬化

1)建筑石膏的生产

将石膏生产原料经过破碎、加热、磨细制得的一种白色粉末状材料称为石膏胶凝材料，简称石膏。

生产建筑石膏的主要原料是天然二水石膏(又称生石膏或软石膏，见图 2-9)或工业副产石膏(化学石膏)，其主要成分为二水硫酸钙($CaSO_4 \cdot 2H_2O$)。

图 2-9　天然二水石膏

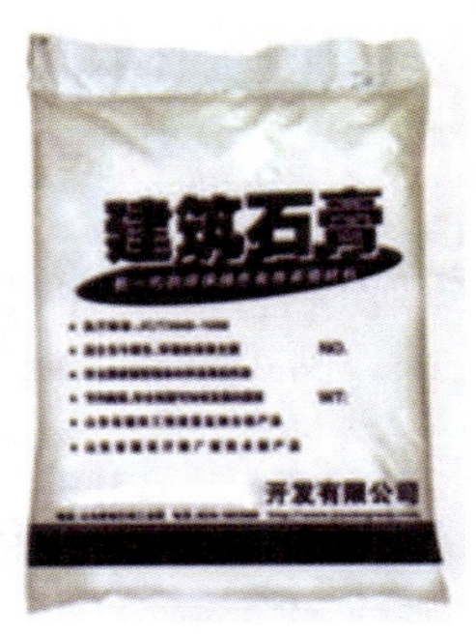

图 2-10　建筑石膏

将二水石膏($CaSO_4 \cdot 2H_2O$)在不同温度和压力下煅烧，会得到结构和性能都不同的石膏产品。

(1)建筑石膏。建筑石膏又称为 β 型半水石膏(图 2-10)，是由天然石膏或工业副产石膏经加热脱水处理制得的，以 β 型半水硫酸钙($\beta\text{-}CaSO_4 \cdot \frac{1}{2}H_2O$)为主要成分，不预加任何外加剂或添加物的粉状胶凝材料(图 2-11)。生产建筑石膏的温度(107 ~ 170 ℃)较低，工艺简单，能耗小，成本低，因此石膏是一种理想的高效节能新型建筑材料，在建筑工程中应用最为广泛。

建筑石膏的技术要求有强度、细度和凝结时间三个指标。

图 2-11 石膏粉

（2）高强石膏。高强石膏又称为 α 型半水石膏，将二水石膏在 0.13 MPa 的水蒸气（125 ℃）中蒸炼而得的 α 型半水石膏（$\alpha\text{-CaSO}_4 \cdot \frac{1}{2}\text{H}_2\text{O}$），经磨细而得到的白色粉末称为高强石膏。该石膏硬化后结构密实、强度高，但生产成本高，主要用于室内高级抹灰，制作石膏线、石膏板等。β 型半水石膏与 α 型半水石膏统称为熟石膏。

（3）硬石膏。硬石膏又称无水石膏，是将天然二水石膏在较高温度（大于 170 ℃）下煅烧后磨细而得到的产品。硬化后，强度和耐磨性较高，抗水性也较好，可用于制作石膏砂浆、铺设地面等。

2）建筑石膏的凝结硬化

建筑石膏（β 型半水石膏或 β 型半水硫酸钙）与适量水拌和后，很快与水发生化学反应（水化）生成二水石膏，最初形成可塑性良好的浆体，但很快就失去塑性而发生凝结硬化，继而发展成为固体，这个过程称为建筑石膏的凝结硬化。在这个过程中，随着水分的蒸发和水化的进行，水分逐渐减少，浆体逐渐变稠而开始失去可塑性，称为初凝。之后，随着时间的增加，浆体继续变稠而完全失去可塑性，并开始产生结构强度，称为终凝。石膏终凝后，直到水分完全蒸发，结构强度得以充分增长，这个过程即为建筑石膏的硬化。

2. 建筑石膏的特性

（1）凝结硬化快。初凝不小于 3 min，终凝不大于 30 min，7 d 左右完全硬化。由于初凝快，为满足施工操作往往需要掺适量的缓凝剂，如动物胶、硼砂或柠檬酸等。

（2）凝结硬化时体积微膨胀。与一般胶凝材料凝结硬化时常常产生收缩不同，石膏在凝结硬化初期会产生体积微膨胀，这使得石膏制品表面光滑细腻，轮廓清晰，形状饱满，而且干燥时不易开裂。

（3）硬化后孔隙率（在材料自然体积中孔隙体积所占的比例）高，质轻但强度低。石膏制品硬化后的孔隙率可达 50% ~60%，从而使石膏制品质量轻、强度低，因此不能用于制作承重构件。

（4）保温、隔热性和吸声性良好。石膏制品孔隙率大、吸声性好、导热性能小，因此常用于制作吸声及保温制品。

（5）防火性较好，但耐火性较差。建筑石膏制品的主要成分二水石膏遇火后，结晶水蒸发，并吸收能量，在制品表面形成蒸汽幕，能有效阻止火势蔓延。但石膏制品不宜长期在 65 ℃以上的高温环境中使用，以免因二水石膏脱水而降低强度。

（6）具有一定的调温、调湿性。石膏制品多孔，吸湿性（材料在潮湿空气中吸收水分的性质）强，当空气湿度过大时，能很快地吸水，起到调节室内湿度的作用。由于热容量［材料受热（或冷却）时吸收（或放出）热量的性质］大，室内温度可得到一定的调节。

（7）耐水性、抗冻性（材料在吸水饱和状态下能经受多次冻融循环作用而不被破坏，同时也不严重降低强度的性质）差。石膏制品多孔、吸水性强，受水浸湿后产生变形且强度低，受

冻后会结冰而产生崩裂，故不宜用于室外和潮湿部位。

(8)加工性能及装饰性能好。石膏制品表面光滑细腻，图案清晰饱满，轮廓分明，且可锯、可刨、可钉。

拓展与提高

水玻璃

水玻璃是由不同比例的碱金属和二氧化硅组成的一种能溶于水的硅酸盐，俗称泡花碱，是一种气硬性胶凝材料。其主要技术性能有黏结性好、耐高温、耐酸性好，主要用于配制耐酸、耐热砂浆和混凝土，加固地基，作为涂刷或浸渍材料。

思考与练习

(一)填空题

1. 生石灰的主要成分是________。生产建筑石膏的主要原料是________或________，其主要成分为________。

2. 按煅烧温度不同，石灰分为________、________、________；氧化镁的质量分数大于5%时，称为________石灰。

3. 石灰加工后的产品主要有________、________、________、石灰乳(浆)。

4. 生石灰在熟化时放出大量________，体积迅速________；石灰硬化时蒸发大量的________，体积收缩________。

5. 石灰乳浆陈伏时，表面应保持一定厚度的水层，主要是为了防止石灰________。

6. 生石灰与水作用生成熟石灰的过程称为石灰的________。

7. 建筑石膏从加水拌和直到浆体开始失去可塑性的过程称为________；从加水拌和直到浆体完全失去可塑性的过程称为________。

(二)简答题

1. 生石灰、熟石灰、硬化中的石灰、生石膏、熟石膏的主要成分分别是什么？

2. 何谓石灰熟化？何谓淋灰？石灰硬化包括哪些过程？

3. 何谓陈伏？石灰在使用前为什么要进行陈伏？

4. 石灰的特性有哪些？石膏的特性有哪些？

5. 如何评定石灰的质量好坏？

6. 为什么说石灰的硬化是一个相当缓慢的过程？

7. 简述建筑石膏生产制备方法及凝结硬化机理。

任务三　掌握气硬性胶凝材料——石灰、石膏的应用及保管

任务描述与分析

在工地现场，经常会看到建筑工人用石灰膏拌制砂浆，用石灰浆打底刮白。在家装中，用石膏板作吊顶，在街上也经常能看到用石膏制作的艺术品，这无不说明它们广泛的用途。本任务主要学习石灰、石膏的应用及保管。

知识与技能

(一)石灰的应用

1. 配制石灰乳涂料和石灰砂浆

将熟化好的石灰膏或消石灰粉加入过量的水搅拌稀释成为石灰乳。这种传统的涂料，常用于要求不高的室内粉刷。若掺入适量的砂或水泥，即可配制成石灰砂浆或混合砂浆，用于抹灰或砌筑。石灰浆硬化后体积收缩大，为避免抹灰层出现较大的收缩裂缝，往往在石灰浆中掺入麻刀、纸筋等纤维增强材料，用于内墙或顶棚抹面。

2. 拌制石灰土或石灰三合土

石灰粉与黏土按适当比例可配制成灰土，或再加入砂(碎石、炉渣)可配成三合土。石灰土和石灰三合土被广泛用于建筑物的基础、路面、地面的垫层。

3. 制作硅酸盐制品

生石灰粉是制造硅酸盐制品的原料。常用的硅酸盐制品有灰砂砖、加气混凝土砌块、粉煤灰砖、粉煤灰砌块等，主要用作墙体材料。

4. 制作碳化石灰板

磨细生石灰粉是制作轻质碳化石灰板的原料，多制成空心板。这种板材可锯、可刨、可钉，一般用于非承重内隔墙板或天花板。

5. 可作干燥剂使用

由于块状生石灰的吸湿性很强，因此生石灰也被用作干燥剂。

6. 加固含水的软土地基

生石灰块可直接用来加固含水的软土地基(称为石灰桩)。其原理是利用生石灰吸水熟化时体积膨胀的性能产生膨胀压力，从而使地基加固。

(二)建筑石膏的应用

(1)石膏可用于室内粉刷及抹灰,具有良好的装饰效果。

(2)石膏可用于制作艺术装饰石膏制品,轻质、美观,适用于中高档室内装饰,如石膏浮雕艺术线条(图2-12)、花饰、罗马柱(图2-13)等。

图2-12 石膏浮雕艺术线条

图2-13 罗马柱

(3)石膏可用于制作建筑石膏制品(图2-14),该种类较多,主要有纸面石膏板、装饰石膏板、纤维石膏板、吸声穿孔石膏板和石膏砌块、石膏吊顶等,用于建筑物的室内隔墙、墙面和棚顶的装饰装修等。

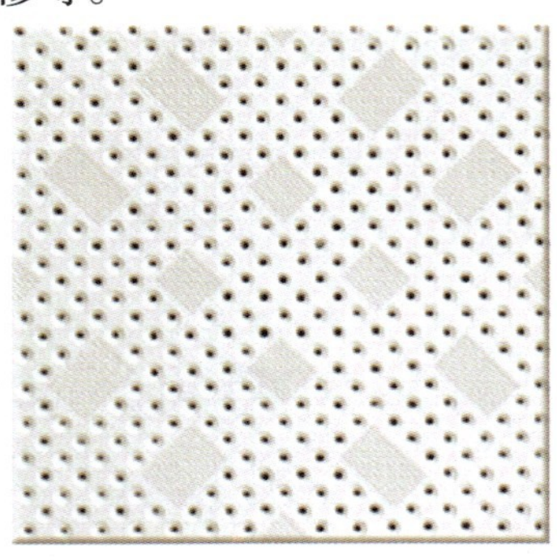

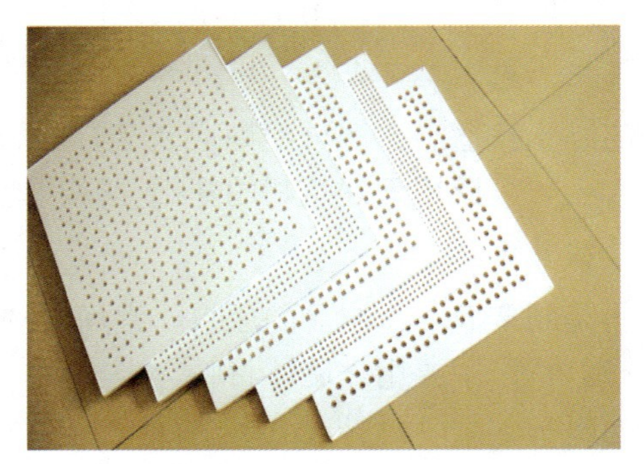

图2-14 吸声穿孔石膏板

(4)石膏还可用来生产水泥和硅酸盐制品、防水石膏装饰品(如人造大理石)。

(三)石灰、石膏的储运保管

1. 石灰的储运保管

生石灰在存放时会吸收空气中的水分而熟化成石灰粉,再碳化成碳酸钙而失去胶结能力,因此在存储保管生石灰时,应防止受潮,且不宜久存,最好运到工地或熟化工厂后立即熟化成石灰浆,使存储期变成陈伏期。

另外,生石灰熟化时会放出大量的热,并且体积膨胀,因此储运石灰时应注意安全,不能与

易燃、易爆及液体物品同时储运。

运到现场的石灰产品应分类、分等存放，且不宜长期存储。袋装石灰粉应储存在干燥的仓库内。熟化好的石灰膏不宜长期暴露在空气中，表面应加以覆盖，以防碳化结硬。

2. 建筑石膏的储运保管

建筑石膏粉容易吸潮而影响其凝结硬化性能和强度，在运输储存时要注意防潮。储存期（自生产之日起）一般不宜超过 3 个月，否则石膏制品的强度显著下降。若储存期超过 3 个月，应重新进行质量检验，以确定其等级。

拓展与提高

菱苦土

菱苦土又称镁质胶凝材料或氯镁水泥，是一种白色粉末或浅黄色粉末（图 2-15）的气硬性胶凝材料，其主要成分为 MgO，常用于制作菱苦土木屑地面、工业和民用建筑的地面材料等。

图 2-15　菱苦土

思考与练习

（一）填空题

1. 石灰粉与黏土拌和后称为________，再加入砂或石屑、炉渣等即为________。
2. 生石灰不宜________，同时应防止________。石膏制品不宜用于________和________。

（二）简答题

1. 试述石灰的用途。

2. 试述石膏的用途。

3. 如何储存石灰?

考核与鉴定二

(一)单项选择题

1. 胶凝材料按化学成分不同分为(　　)胶凝材料。

A. 有机和无机　　B. 有机和复合

C. 无机和复合　　D. 天然或合成高分子化合物

2. (　　)是有机胶凝材料。

A. 石灰　　B. 石膏　　C. 水玻璃　　D. 树脂

3. 气硬性胶凝材料只能在(　　)中硬化。

A. 空气　　B. 水　　C. 潮湿环境　　D. 地下

4. 下列属于水硬性胶凝材料的是(　　)。

A. 石灰　　B. 石膏　　C. 水玻璃　　D. 水泥

5. 钙质石灰是指(　　)。

A. 氧化镁含量≤5%　　B. 氧化镁含量≤10%

C. 氧化镁含量≥5%　　D. 氧化镁含量≥10%

6. 石灰膏在储灰池中陈伏的主要目的是(　　)。

A. 充分熟化　　B. 增加产浆量　　C. 减少收缩　　D. 降低发热量

7. 浆体在凝结硬化过程中,其体积发生膨胀的是(　　)。

A. 石灰　　B. 石膏　　C. 水泥　　D. 黏土

8. 石灰是在(　　)中硬化的。

A. 干燥空气　　B. 水蒸气

C. 水　　D. 与空气隔绝的环境

9. 生产石膏的主要原料是(　　)。

A. 碳酸钙　　B. 氢氧化钙　　C. 天然二水石膏　　D. 氧化钙

10. 石灰制品长期受潮或被水浸泡会使已硬化的石灰溃散,是由于石灰(　　)。

A. 耐水性好　　B. 耐水性差　　C. 耐湿性差　　D. 吸湿性好

11. 石膏制品表面光滑细腻,形体饱满,干燥时不开裂,又可单独使用,这是因为石膏具有(　　)的特性。

A. 孔隙率大　　B. 抗火性好　　C. 微膨胀　　D. 微收缩

12. 熟石灰的主要成分是(　　)。

A. 氧化钙　　B. 氧化镁

C. 氢氧化钙　　D. 氢氧化钙和碳酸钙

13. 建筑石膏是指(　　)。

A. $CaSO_4$　　B. β-$CaSO_4 \cdot \frac{1}{2}H_2O$

C. α-$CaSO_4 \cdot \frac{1}{2}H_2O$　　D. $CaSO_4 \cdot 2H_2O$

14. 建筑石膏的储存期(生产日期起算)为(　　)。

A. 15 天　　B. 1 个月　　C. 2 个月　　D. 3 个月

15. 建筑石膏的凝结硬化较快,规定为(　　)。

A. 初凝不早于 3 min,终凝不迟于 30 min

B. 初凝不早于 10 min,终凝不迟于 45 min

C. 初凝不早于 45 min,终凝不迟于 390 min

D. 初凝不早于 45 min,终凝不迟于 600 min

16. 下列不属于建筑石膏特性的是(　　)。

A. 凝结硬化快　　B. 硬化中体积微膨胀

C. 耐水性好　　D. 孔隙率大、强度低

17. 生产石灰的主要原料是(　　)。

A. 碳酸钙　　B. 氢氧化钙　　C. 二水石膏　　D. 氧化钙

18. 为了消除过火石灰的危害,可在消化后“陈伏”(　　)左右。

A. 1 个月　　B. 2 周　　C. 3 天　　D. 1 天

19. 石膏在硬化时,体积产生(　　)。

A. 微收缩　　B. 不收缩也不膨胀　　C. 微膨胀　　D. 较大收缩

20. 石灰的特性不包括(　　)。

A. 可塑性好　　B. 强度低　　C. 硬化时体积收缩小　　D. 耐水差

21. 石灰硬化中的主要成分为(　　)和氢氧化钙晶体。

A. 水　　B. 碳酸钙　　C. 氧化钙　　D. 硫酸钙

22. 石灰与水作用生成(　　)。

A. 氧化钙　　B. 氢氧化钙　　C. 碳酸钙　　D. 硫酸钙

23. 生石灰在熟化过程中放出大量热量,体积增大(　　)倍。

A. 1　　B. 2　　C. 1 ~2.5　　D. 3

24. 石膏制品可用于(　　)。

A. 室外　　B. 室内　　C. 潮湿环境　　D. 水中

25. 三合土用于(　　)。

A. 建筑基础　　B. 公路面层　　C. 基础垫层　　D. 楼面面层

26. 石灰、石膏都可用于制作(　　)。

A. 艺术装饰制品　　B. 三合土　　C. 硅酸盐制品　　D. 路面面层

27. 石膏储存期一般不宜超过(　　)个月。

A. 1　　B. 2　　C. 3　　D. 4

(二)多项选择题

1. 石灰按 MgO 含量分为(　　)。

A. 镁质石灰　　B. 钙质石灰　　C. 生石灰　　D. 熟石灰

E. 欠火石灰

2. 下列材料是气硬性胶凝材料的是(　　)。

A. 水泥　　B. 石灰　　C. 石膏　　D. 水玻璃

E. 菱苦土

3. 下列只能用于干燥环境中的材料是(　　)。

A. 水泥　　B. 石灰　　C. 石膏　　D. 水玻璃

E. 菱苦土

4. 石灰根据熟化时加水量的多少有(　　)成品。

A. 石灰块　　B. 石灰膏　　C. 石灰乳　　D. 石灰浆

E. 消石灰粉

5. 石灰的硬化过程包括(　　)过程。

A. 干燥结晶　　B. 碳化　　C. 熟化　　D. 淋灰

E. 陈伏

6. 石灰的特性是(　　)。

A. 可塑性和保水性好　　B. 硬化慢、强度低　　C. 耐水性差

D. 体积微膨胀　　E. 防火性好

7. 石灰按煅烧温度不同,可分为(　　)。

A. 正火石灰　　B. 欠火石灰　　C. 过火石灰　　D. 熟石灰

E. 消石灰

8. 石灰熟化的特点是(　　)。

A. 放热量大　　B. 体积膨胀大　　C. 水化热小　　D. 体积收缩大

E. 只能在空气中进行

9. 下列属于气硬性胶凝材料的是(　　)。

A. 水泥　　B. 石灰　　C. 石膏　　D. 沥青

E. 树脂

10. 石灰硬化的特点是(　　)。

A. 放热量大　　B. 体积膨胀大　　C. 速度慢　　D. 体积收缩大

E. 只能在空气中进行

11. 下列属于石灰工程特点的是(　　)。

A. 保水性好、可塑性好　　B. 凝结硬化慢、强度低

C. 硬化时体积收缩大　　D. 吸水性好、耐水性差

E. 强度发展快,尤其是早期

12. 下列属于建筑石膏工程特点的是(　　)。

A. 孔隙率大、强度低　　B. 凝结硬化快

C. 保温性和吸湿性好　　D. 防火性和耐火性好
E. 耐水性和抗冻性好，宜用于室外

13. 石灰的储存应注意(　　)。
A. 防潮　　B. 不宜久存　　C. 不能与易燃物品同时储存
D. 不能与易爆物同时储存　　E. 不能与液体物品同时储存

14. 石灰与石膏的相同点是(　　)。
A. 耐水性差　　B. 强度低　　C. 硬化时体积微膨胀
D. 可调湿、调温　　E. 不能用于潮湿环境中

15. 石灰可用于(　　)。
A. 潮湿环境中　　B. 配制石灰乳涂料和石灰砂浆
C. 加固含水的软土地基　　D. 制作硅酸盐制品
E. 墙面粉刷

16. 建筑石膏可用于(　　)。
A. 室内粉刷及抹灰　　B. 制作艺术装饰制品
C. 生产各种硅酸盐制品　　D. 加固地基
E. 水中环境

17. 石灰硬化后体积收缩大，为了避免出现收缩裂缝，往往在生石灰浆中掺入(　　)。
A. 麻刀　　B. 纸筋　　C. 水泥　　D. 砂　　E. 碎石

(三) 判断题

1. 水泥是气硬性胶凝材料。(　　)
2. 无机胶凝材料按硬化条件分为气硬性和水硬性两种。(　　)
3. 无机胶凝材料又称为矿物胶凝材料。(　　)
4. 气硬性胶凝材料和水硬性胶凝材料都能在空气中硬化。(　　)
5. 气硬性胶凝材料和水硬性胶凝材料都能在水中硬化。(　　)
6. 无机胶凝材料不是矿物胶凝材料。(　　)
7. 石膏耐火又耐热。(　　)
8. 石灰膏在储灰池中存放两周以上的过程称为“淋灰”。(　　)
9. 石灰熟化的过程又称为石灰的消解。(　　)
10. 石灰浆体的硬化分为干燥结晶作用和碳化作用，碳化作用仅限于表面。(　　)
11. 水硬性胶凝材料指只能在水中凝结硬化并保持强度的胶凝材料。(　　)
12. 在常用的无机胶凝材料中，水化热最大的、水化时膨胀最大的、硬化速度最快的是石灰。(　　)
13. 建筑石膏制品不宜用于室外。(　　)
14. 石灰陈伏是为了充分释放石灰熟化时的放热量。(　　)
15. 过火石灰用于建筑结构中危害不大。(　　)
16. 气硬性胶凝材料只能在空气中硬化，水硬性胶凝材料只能在水中硬化。(　　)
17. 在空气中储存过久的石灰，不应照常使用。(　　)
18. 石灰硬化时收缩大，一般不宜单独使用。(　　)

19. 在水泥砂浆中掺入石灰膏主要是为了节约水泥。（　　）
20. 建筑石膏一般只用于室内抹灰,而不用于室外。（　　）
21. 石灰膏的主要成分是氧化钙和水。（　　）
22. 石灰硬化过程中氢氧化钙结晶作用主要发生在内部,碳化作用主要发生在表面。（　　）
23. 石灰的硬化慢,但强度高。（　　）
24. 石膏制品的加工性能及装饰性能好。（　　）
25. 建筑石膏与高强石膏统称为熟石膏。（　　）
26. 石灰可作干燥剂使用。（　　）
27. 石灰是气硬性矿物胶凝材料,可长期储存。（　　）
28. 因为石膏可调湿,所以不怕受潮。（　　）

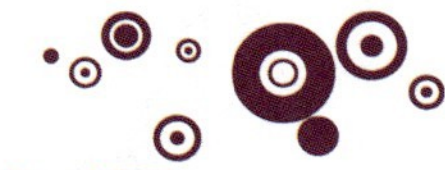

模块三　水硬性胶凝材料——水泥

水泥呈粉末状，与水混合后，经过物理、化学反应能由可塑性浆体变成坚硬的石状体，并能将散粒状材料胶结成整体。因此，水泥是一种良好的矿物胶凝材料。就硬化条件而言，水泥浆体不仅能在空气中硬化，也能在水中硬化，保持并继续增长强度，故水泥属于水硬性胶凝材料。

水泥是建筑的基础材料，使用范围广、用量大，素有建筑业的"粮食"之称。

水泥的历史可追溯到古罗马人在建筑工程中使用石灰和火山灰的混合物。1824年，英国人J·阿斯普丁用石灰石和黏土烧制成水泥，硬化后的颜色与英格兰岛上波特兰地方用于建筑的石头颜色相似，故被命名为波特兰水泥(我国的硅酸盐水泥)，并取得专利权。之后在不断改进波特兰水泥的同时，还研制加工了一批适用于特殊建筑工程的水泥。到目前为止，水泥品种已有百余种，其中通用硅酸盐水泥在土木工程中用量最大。

本模块主要学习通用硅酸盐水泥的性能、保管及应用，其任务有三个，即了解水泥的定义及分类、掌握通用硅酸盐水泥的技术性质、掌握水泥的选(应)用及保管。

学习目标

(一)知识目标

1. 能熟记通用硅酸盐水泥的技术性质、代号及质量要求，掌握水泥的选用原则；
2. 能了解硅酸盐水泥的生产过程及矿物组成，理解硅酸盐水泥凝结与硬化机理。

(二)技能目标

1. 能根据工程实际情况，正确合理地使用水泥；
2. 能根据相关规范、标准抽取水泥试样，进行相关检测，并对检测数据进行处理，出具相关的检验报告。

（三）职业素养目标

1. 具有对实验数据、实验结果进行正确分析和判别的能力；

2. 养成严谨缜密的科学态度，能应用所学知识，认真仔细地完成水泥抽样送检、储运保管、选用等方面的工作。

任务一　了解水泥的定义及分类

任务描述与分析

水泥是多矿物、多组分的物质，由于各矿物组分的不同，将得到不同性能、不同品种、不同用途的水泥产品，广泛用于建筑工程的各个地方。本任务主要学习通用硅酸盐水泥的定义及分类。

知识与技能

（一）通用硅酸盐水泥的定义

根据《通用硅酸盐水泥》（GB 175—2007）规定，通用硅酸盐水泥是以硅酸盐水泥熟料和适量石膏及规定的混合材料制成的水硬性胶凝材料。

1. 混合材料

在硅酸盐水泥中，掺入的一些天然或人工合成的矿物材料、工业废渣（如矿渣、火山灰、粉煤灰等）称为混合材料。混合材料分为活性混合材料（常用的有粒化高炉矿渣、火山灰质混合材料、粉煤灰）和非活性混合材料（又称填充性混合材料，如石英砂、石灰石、黏土、窑灰、慢冷矿渣等）。

掺混合材料的目的是改善水泥的某些性能、调整水泥强度、增加水泥品种、扩大水泥的使用范围、综合利用工业废料、节约能源、降低水泥成本等。

2. 硅酸盐水泥熟料

凡以适当成分的生料（主要成分为 CaO、SiO_2、Al_2O_3、Fe_2O_3）烧至部分熔融，所得以硅酸钙为主要成分的产物称为硅酸盐水泥熟料，简称熟料。

（二）通用硅酸盐水泥的分类

通用硅酸盐水泥按混合材料的品种和掺量，分为硅酸盐水泥、普通硅酸盐水泥、矿渣硅酸盐水泥、火山灰质硅酸盐水泥、粉煤灰硅酸盐水泥、复合硅酸盐水泥六大类。

1. 硅酸盐水泥

由硅酸盐水泥熟料、0% ~5% 石灰石或粒化高炉矿渣和适量石膏磨细制成的水硬性胶凝材料，称为硅酸盐水泥（即国外统称的波特兰水泥）。硅酸盐水泥有两种类型：即Ⅰ型（不掺混合材料），代号P·Ⅰ；Ⅱ型（掺5%以下的混合材料），代号P·Ⅱ。

2. 普通硅酸盐水泥

由硅酸盐水泥熟料，活性混合材料掺加量大于5%且小于等于20%，并允许用不超过水泥质量8%的非活性材料或不超过水泥质量5%的窑灰代替部分活性混合材料，及适量石膏磨细制成的水硬性胶凝材料称为普通硅酸盐水泥（简称普通水泥），代号P·O。

3. 矿渣硅酸盐水泥

由硅酸盐水泥熟料、粒化高炉矿渣和适量石膏磨细制成的水硬性胶凝材料，称为矿渣硅酸盐水泥（简称矿渣水泥）。矿渣硅酸盐水泥分为A、B型两类。A型粒化高炉矿渣掺量（按质量百分比计）大于20%且小于等于50%，代号P·S·A；B型矿渣掺量大于50%且小于等于70%，代号P·S·B。其中允许用不超过水泥质量8%的活性混合材料、非活性混合材料和窑灰中的任何一种材料代替部分矿渣。

4. 火山灰质硅酸盐水泥

由硅酸盐水泥熟料、大于20%且小于等于40%的火山灰质混合材料和适量石膏磨细制成的水硬性胶凝材料，称为火山灰质硅酸盐水泥（简称火山灰水泥），代号P·P。

5. 粉煤灰硅酸盐水泥

由硅酸盐水泥熟料、大于20%且小于等于40%粉煤灰和适量石膏磨细制成的水硬性胶凝材料，称为粉煤灰硅酸盐水泥（简称粉煤灰水泥），代号P·F。

6. 复合硅酸盐水泥

由硅酸盐水泥熟料、两种或两种以上大于20%且小于等于50%的混合材料、适量石膏磨细制成的水硬性胶凝材料，称为复合硅酸盐水泥（简称复合水泥），代号P·C。其中，混合材料允许用不超过水泥质量8%的窑灰代替，掺矿渣时混合材料掺量不得与矿渣硅酸盐水泥重复。

（三）水泥的包装及标志

水泥是粉状材料，分为袋装（图3-1）和散装（图3-2）两种。袋装水泥每袋净含量50 kg，且不得少于标示质量的99%。随机抽取20袋总质量（含包装袋）应不小于1 000 kg。

水泥包装袋上的标志有：水泥品种名称、代号、强度等级、出厂日期、净含量、生产单位和厂址、执行标准号、生产许可证标志（QS）及编号、出厂编号、包装年月日。散装运输时，应提交与袋装标志相同内容的卡片。

图 3-1 不同水泥品种包装袋

图 3-2 散装水泥罐(车)

包装袋两侧应根据水泥的品种不同采用不同颜色印刷水泥标志,具体见表 3-1。

表 3-1 水泥包装袋上印刷字体的颜色

名 称	代 号	颜 色
硅酸盐水泥	P · Ⅰ或 P · Ⅱ	包装袋两侧印刷字体为红色
普通硅酸盐水泥(普通水泥)	P · O	包装袋两侧印刷字体为红色
矿渣硅酸盐水泥(矿渣水泥)	P · S · A(B)	包装袋两侧印刷字体为绿色
火山灰质硅酸盐水泥(火山灰水泥)	P · P	包装袋两侧印刷字体为黑色或蓝色
粉煤灰硅酸盐水泥(粉煤灰水泥)	P · F	包装袋两侧印刷字体为黑色或蓝色
复合硅酸盐水泥(复合水泥)	P · C	包装袋两侧印刷字体为黑色或蓝色

拓展与提高

通用硅酸盐水泥的生产

(1)生产水泥的原料有石灰质原料、黏土质原料和校正原料。石灰质原料主要提供

氧化钙(CaO),黏土质原料主要提供二氧化硅(SiO_2)、三氧化二铝(Al_2O_3)及少量三氧化二铁(Fe_2O_3)。如果所选用的石灰质原料和黏土质原料按一定比例配合不能满足化学组成要求时,则要掺加相应的校正原料。校正原料有铁质原料(主要补充生料中 Fe_2O_3 不足)、硅质校正原料(主要补充生料中 SiO_2 的不足)和铝质校正原料(主要补充生料中 Al_2O_3 的不足)。

(2)水泥的生产工艺过程(图 3-3)可概括为四个字,即"两磨一烧"(先将原料按一定的比例配料并磨成符合要求的生料,再将生料煅烧使之部分熔融形成熟料,最后将熟料与适量的石膏或混合料共同磨细制成水泥)。

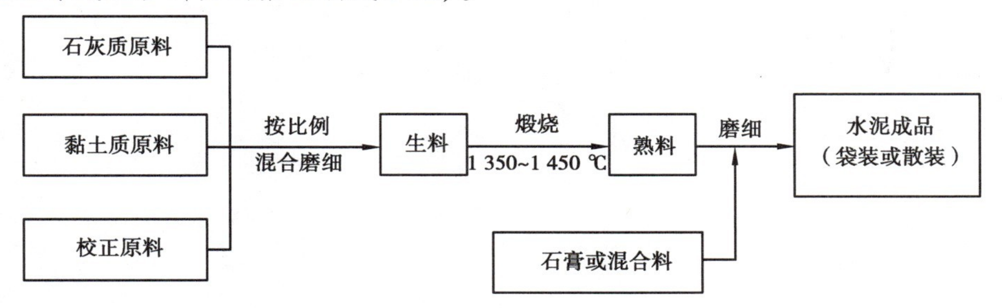

图 3-3　水泥生产工艺流程

(3)在磨细熟料时掺入适量(3%左右)石膏以延缓水泥的凝结时间。

(4)水泥生料的配合比例不同,直接影响水泥熟料的矿物成分比例和主要技术性能,水泥生料在窑内的煅烧过程是保证水泥熟料质量的关键。

(5)水泥是几种熟料矿物成分的混合物。水泥熟料的主要矿物组成为:硅酸三钙(C_3S)、硅酸二钙(C_2S)、铝酸三钙(C_3A)、铁铝酸四钙(C_4AF)。除此之外还含有少量的游离氧化钙、游离氧化镁和碱,但对其总含量应加以限制。

思考与练习

(一)填空题

1. 生产水泥的原料有________、________和________,水泥的生产过程可以概括为____________________。

2. 生产硅酸盐水泥掺入适量的石膏,其目的是____________________。

(二)简答题

1. 何谓混合材料?混合材料分为哪几类?水泥中掺混合材料的目的是什么?

2. 什么是通用硅酸盐水泥？通用硅酸盐水泥分几类？

3. 水泥熟料的矿物成分有哪些？

4. 写出六大类硅酸盐水泥的代号及包装袋两侧字体的颜色。

任务二 掌握通用硅酸盐水泥的技术性质

任务描述与分析

水泥熟料矿物组成是影响水泥凝结硬化的主要原因。由于水泥中各种矿物组成的比例不同，从而使水泥表现出不同的性质特征，为了能更好地认识和使用水泥，同学们必须掌握通用硅酸盐水泥的技术性质。

知识与技能

(一)通用硅酸盐水泥的凝结硬化

1. 硅酸盐水泥的水化

硅酸盐水泥加水后，其水泥熟料矿物与水作用生成一系列新的化合物，并放出一定的热量，称为水化。生成的新的化合物称为水化产物，主要有水化硅酸钙、水化铁酸钙凝胶体，氢氧化钙、水化铝酸钙和水化硫铝酸钙晶体。

四种熟料矿物单独与水作用表现出的特性各不相同，主要表现在对水泥强度、凝结时硬化速度和水化热的影响上。各种熟料矿物成分的水化特性见表3-2。

表 3-2　各种熟料矿物成分的水化特性

性能指标		熟料矿物名称			
		硅酸三钙(C_3S)	硅酸二钙(C_2S)	铝酸三钙(C_3A)	铁铝酸四钙(C_4AF)
水化、凝结硬化速度		快	慢	最快	较快
28 d 水化时放热量		多	少	最多	中
强　度	早期	高	低	低	低
	后期	高	高	低	低
耐化学侵蚀		中	良	差	优
干缩性		中	少	大	小

硅酸三钙水化速度较快，水化热大，其水化产物主要在早期产生，早期强度最高，且能得到不断增长，因此是决定水泥强度等级的最主要矿物。硅酸二钙水化速度最慢，水化热最小，其水化产物和水化热主要在后期产生，对水泥早期强度贡献很小，但对其后期强度增加至关重要。铝酸三钙水化速度最快，水化热最集中，如果不掺入石膏，易造成水泥速凝，它的水化产物大多在 3 d 内就产生，但强度并不高，以后也不再增长，甚至出现倒缩，硬化时所表现出的体积收缩也最大，耐硫酸性能差。铁铝酸四钙水化速度介于铝酸三钙和硅酸三钙之间，强度发展主要在早期，强度偏低，它的突出特点是抗冲击性能和抗硫酸盐性能好。

硅酸盐水泥强度主要取决于上述四种熟料矿物的性质。适当地调整它们的相对含量，可以制得不同品种的水泥。如：当提高 C_3S 和 C_3A 含量时，可以生产快硬硅酸盐水泥；提高 C_2S 和 C_4AF 的含量，降低 C_3S、C_3A 的含量，就可以生产出低热的大坝水泥；提高 C_4AF 含量，则可制得高抗折强度的道路水泥。

2. 硅酸盐水泥的凝结、硬化

1)水泥的凝结、硬化过程

当水泥与适量的水拌和后，水泥颗粒分散在水中，形成水泥浆体，如图 3-4(a)所示。在水泥颗粒表面即发生化学反应，生成的水化产物聚集在颗粒表面形成凝胶膜层，水泥浆体具有良好的可塑性，如图 3-4(b)所示。随着水泥颗粒的继续水化，水化产物不断增多，水泥颗粒的包裹层不断增厚而破裂，使水泥颗粒之间的空隙逐渐缩小，水泥浆体的稠度不断增大，如图 3-4(c)所示。其间水泥浆体开始失去流动性和部分可塑性，但不具有强度，这一过程称为初凝。水泥浆体完全失去可塑性，并开始具有一定强度称为终凝。由初凝到终凝的过程称为水泥的凝结。

如图 3-4(d)所示，随着水化反应的继续进行，水化产物不断增多并填充水泥颗粒之间的空隙，整个结构的密实度增加，水泥浆体开始产生强度并最后发展成具有一定强度的石状物(水泥石)，这一过程称为水泥的硬化。

水泥的凝结和硬化是人为划分的，实际上是一个连续、复杂的物理化学变化过程。水化是水泥产生凝结硬化的前提，而凝结硬化是水泥水化的结果。

水泥的水化和凝结硬化从水泥颗粒表面开始，逐渐往水泥颗粒的内核深入进行。开始时

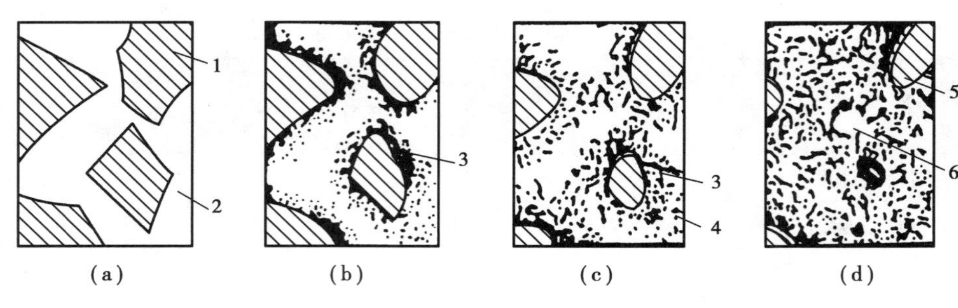

图 3-4 水泥凝结硬化过程示意图

1—水泥颗粒；2—水；3—凝胶；4—晶体；5—水泥颗粒的未水化内核；6—毛细孔

水化较快，但由于水化不断进行，堆积在水泥颗粒周围的水化物不断增多，阻碍水和水泥未水化部分的接触，水化减慢，但无论时间多久，水泥颗粒的内核很难完全水化。因此，硬化的水泥石是由水化产物、未水化的水泥颗粒、水和孔隙组成的不匀质结构体。

2）影响硅酸盐水泥凝结硬化的因素

影响硅酸盐水泥凝结硬化的因素主要有：水泥熟料的矿物组成，水泥细度，拌和水量，硬化环境的温度、湿度，硬化时间，外加剂。

熟料的矿物组成是影响水泥凝结硬化的主要原因，由表 3-2 可知，水泥中各种熟料组成的相对含量不同，则水泥的凝结硬化特点也不相同。若硅酸三钙和铝酸三钙含量较多的水泥，其凝结硬化和强度发展速度就要快些。

水泥颗粒越细，颗粒表面与水的接触面积较大，水化反应也越快，凝结硬化也就快。

拌和水量越多，水化后形成的胶体较稀，水泥的凝结硬化就慢。

温度对水泥的水化以及凝结硬化的影响很大。当温度高时，水泥的水化作用加快，从而凝结硬化速度也就加快，因此采用蒸汽养护是加快凝结硬化的方法之一。当温度低时，凝结硬化速度减慢；当温度低于 0 ℃时，水化基本停止。因此，冬期施工时，须采用保温措施，以保证水泥正常凝结和强度的正常发展。

水泥石的强度只有在潮湿的环境中才能不断增长。若处于干燥环境中，当水分蒸发完毕后，水化作用将无法继续进行，硬化即行停止，强度也不再增长。因此混凝土工程在浇筑后 2 ~ 3 周的时间内，必须注意洒水养护，保证强度不断增长。

水泥石的强度随着硬化时间而增长，一般在 3 ~ 7 d 内水泥水化反应最快，强度增长也最快，在 28 d 内增长较快，以后渐慢，但持续时间很长，只要在一定的温度、湿度条件下，几十年后水泥石的强度还会继续增长。

凡对硅酸三钙和铝酸三钙的水化能产生影响的外加剂，都能影响硅酸盐水泥的水化和凝结硬化。例如：加入缓凝剂会延缓水泥的水化、硬化，影响水泥早期强度发展；掺入早强剂会促进水泥的凝结硬化，提高其早期强度。

（二）通用硅酸盐水泥的技术性质

1. 化学指标

通用硅酸盐水泥的化学指标应符合表 3-3 的规定。

表 3-3　通用硅酸盐水泥的化学指标

<table>
<tr><th>品　种</th><th>代　号</th><th>不溶物
质量分数/%</th><th>烧失量
质量分数/%</th><th>三氧化硫
质量分数/%</th><th>氧化镁
质量分数/%</th><th>氯离子
质量分数/%</th></tr>
<tr><td rowspan="2">硅酸盐水泥</td><td>P·Ⅰ</td><td>≤0.75</td><td>≤3.0</td><td rowspan="3">≤3.5</td><td rowspan="3">≤5.0①</td><td rowspan="3">≤0.06③</td></tr>
<tr><td>P·Ⅱ</td><td>≤1.50</td><td>≤3.5</td></tr>
<tr><td>普通硅酸盐水泥</td><td>P·O</td><td></td><td>≤5.0</td></tr>
<tr><td rowspan="2">矿渣硅酸盐水泥</td><td>P·S·A</td><td></td><td></td><td rowspan="2">≤4.0</td><td>≤6.0②</td><td rowspan="5">≤0.06③</td></tr>
<tr><td>P·S·B</td><td></td><td></td><td></td></tr>
<tr><td>火山灰质硅酸盐水泥</td><td>P·P</td><td></td><td></td><td rowspan="3">≤3.5</td><td rowspan="3">≤6.0②</td></tr>
<tr><td>粉煤灰硅酸盐水泥</td><td>P·F</td><td></td><td></td></tr>
<tr><td>复合硅酸盐水泥</td><td>P·C</td><td></td><td></td></tr>
</table>

注:①如果水泥压蒸试验合格,则水泥中氧化镁的含量(质量分数)允许放宽至6.0%。

②如果水泥中氧化镁的含量(质量分数)大于6.0%时,需进行水泥压蒸安全性试验并合格。

③当有更低要求时,该指标由买卖双方协商确定。

(1)不溶物:水泥煅烧过程中存留的残渣,主要来自原料中的黏土和结晶二氧化硅,因煅烧不良化学反应不充分而未能形成熟料矿物,经酸或碱处理不能被溶解的残留物,属于水泥的非活性组分之一,其含量高对水泥质量有不良影响。

(2)烧失量:水泥煅烧不佳或受潮使得水泥在规定温度加热时产生的质量损失,常用来控制石膏和混合材料中的杂质,以保证水泥质量。

(3)MgO、SO_3 或碱:水泥中游离 MgO 和 SO_3 过高时,会引起水泥的体积安定性不良,其含量必须限定在一定的范围之内;碱含量(选择性指标)不得大于0.60%或由供需双方商定。

(4)氯离子:水泥中的 Cl^- 是引起混凝土中钢筋锈蚀的因素之一,要求限制其含量(质量分数)在0.06%以内。

检验结果不符合标准规定的任何一项技术要求,则该水泥为不合格品。

2. 物理指标

1)凝结时间

水泥的凝结时间是指自水泥加水拌和时起,到水泥浆失去可塑性的时间,即从可塑状态发展到固态所需的时间。水泥的凝结时间与水泥品种有关,一般来说,掺混合材的水泥凝结时间较缓慢;凝结时间随水灰比增加而延长;此外,环境温度升高,水化反应加速,凝结时间缩短。水泥的凝结时间是影响混凝土施工难易程度和速度的主要指标,分为初凝时间和终凝时间两种。

初凝时间为水泥加水拌和时起至标准稠度净浆开始失去可塑性为止所需的时间。

终凝时间为水泥加水拌和时起至标准稠度净浆完全失去可塑性并开始产生强度所需的时间。

水泥的凝结时间在施工中具有重要意义,施工时要求“初凝时间不宜过早,终凝时间不宜过迟”。为了使混凝土或砂浆有充分的时间进行搅拌、运输、浇筑、振捣和砌筑,水泥初凝时间不宜过短。当施工完毕后,要求尽快硬化,产生强度,以利于下一步施工工作的进行,因此水泥终凝时间不宜太长。

(1)根据《通用硅酸盐水泥》(GB 175—2007)规定:6种水泥的初凝时间不小于45 min;硅酸盐水泥的终凝时间不大于390 min,其他5种水泥的终凝时间不大于600 min。实际上硅酸盐水泥的初凝时间一般为1~3 h,终凝时间一般为5~8 h。

对于检验结果不符合凝结时间标准要求的水泥视为不合格品。

(2)水泥的凝结时间测定是以标准稠度的水泥净浆在规定的温度和湿度下,用维卡仪(图3-5)来测定。当初凝针(质轻且长针)沉至距底板(4±1)mm时所需要的时间,即为水泥初凝时间;当终凝针(质重较短针)沉入0.5 mm时所需要的时间,即为水泥终凝时间。

图3-5 维卡仪

(3)为了消除用水量多少对水泥凝结时间、体积安定性等测定的影响,使试验结果具有可比性,所拌制的水泥净浆应达到统一规定的稀稠程度。根据国家标准《水泥标准稠度、凝结时间、安定性检验方法》(GB/T 1346—2011)中规定:当维卡仪(图3-5)试杆沉入水泥净浆并距离底板(6±1)mm时,此时的稠度即为水泥净浆标准稠度。

将水泥拌制成标准稠度的水泥净浆,此时所需的加水量即为水泥的标准稠度用水量(以占水泥质量的百分数表示)。通用硅酸盐水泥的标准稠度用水量一般在24%~30%。

2)体积安定性

水泥的体积安定性是指水泥在凝结硬化过程中体积变化的均匀性,是水泥在施工中保证质量的一项重要技术性指标。

体积安定性不合格的水泥,会使混凝土构件产生膨胀性裂缝,降低建筑物质量,甚至引起严重事故。体积安定性不良的水泥不能用于工程结构中。

引起水泥体积安定性不良的原因:水泥熟料中所含游离氧化钙或游离氧化镁过多,或磨细熟料时掺入的石膏过多所致。熟料中的游离氧化钙或游离氧化镁都是过烧的,熟化很慢,并且在熟化过程中产生体积膨胀,使水泥石开裂。过量的石膏掺入将与已固化的水化铝酸钙反应生成钙矾石晶体,体积增大1.5倍,造成已硬化的水泥石开裂。

国家标准规定:对于过量的游离氧化钙引起的水泥体积安定性用沸煮法检验。沸煮法包括试饼法(代用法)和雷氏法(标准法)。试饼法是用标准稠度的水泥净浆,做成规定形状尺寸的水泥试饼(直径70~80 mm,中心厚约10 mm,边薄,表面光滑),标准养护后沸煮3 h,目测试饼未发现裂缝,用钢直尺检查也没有弯曲,则体积安定性合格,反之为不合格(图3-6)。雷氏法是测定水泥净浆在雷氏夹中沸煮后的膨胀值,当两个试件沸煮后的膨胀值不大于5.0 mm时,则认为该水泥合格。

因为游离氧化镁的水化比游离氧化钙更慢,所以对于过量游离氧化镁引起的体积安定性不良,必须采用压蒸法检验。国家标准规定,水泥中氧化镁的含量不宜超过表3-3的规定。石膏引起的体积安定性不良,需要长期在常温水中才能发现,也不便于快速检验,由于水泥中加入石膏会带来三氧化硫,因此水泥中三氧化硫的含量不得超过表3-3的规定。

检验结果不符合标准要求的水泥为不合格品。

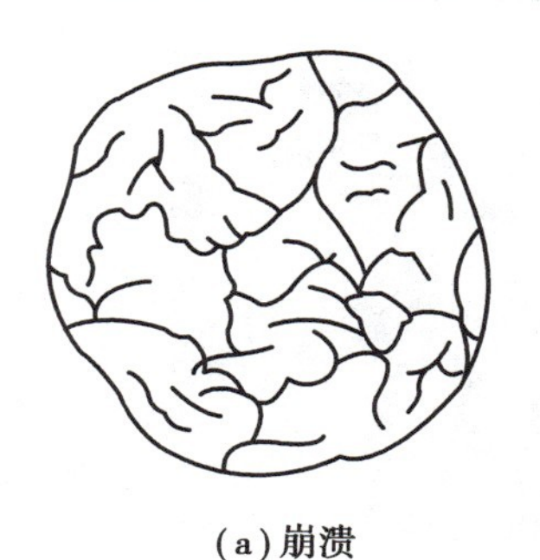
(a)崩溃

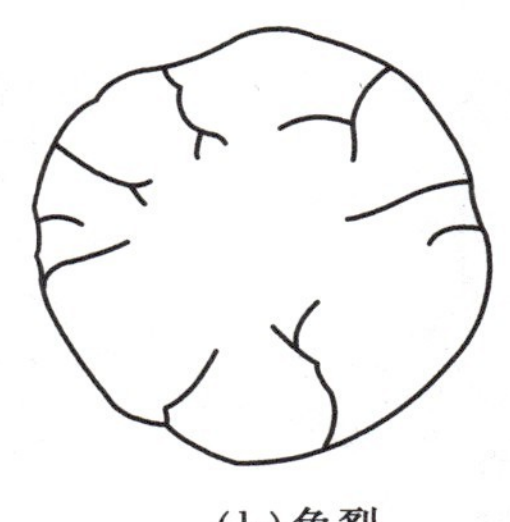
(b)龟裂

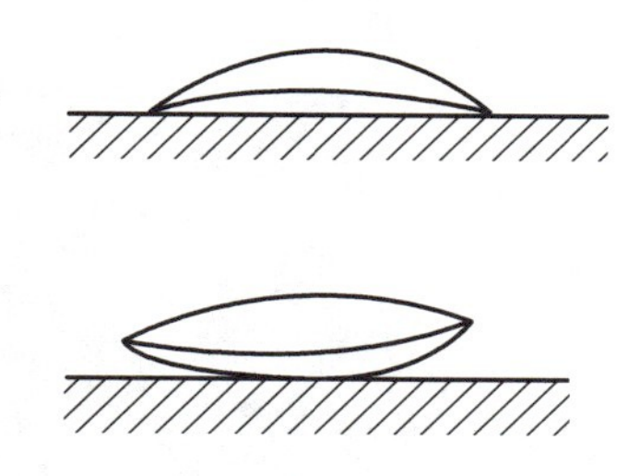
(c)翘曲、弯曲

图 3-6　安定性不合格试饼

3)强度

水泥的强度是指水泥抵抗外力破坏的能力，是表明水泥品质的重要指标，是评定水泥强度等级的依据。

水泥的强度主要与熟料的矿物成分和细度有关。另外，水泥中混合材料的品质和数量、石膏掺量等都对水泥的强度有影响。

国家标准规定，测定水泥强度的方法是水泥胶砂法(简称 ISO 法)，即按水泥∶标准砂∶水 = 1∶3∶0.5的比例拌和一锅胶砂，制成三条 40 mm × 40 mm × 160 mm 的长方体胶砂试件，在(20 ± 1)℃的水中养护，分别测定 3 d 和 28 d 的抗折和抗压强度，如图 3-7 ~ 图 3-12 所示。

图 3-7　标准砂

图 3-8　水泥胶砂强度试模

图 3-9　水泥胶砂试件

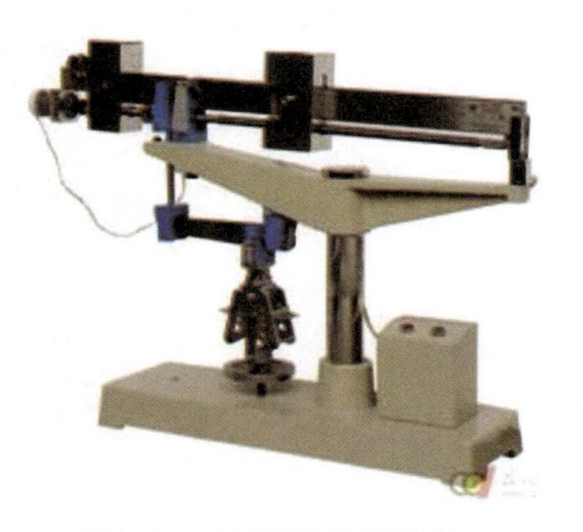
图 3-10　水泥胶砂抗折试验机

图 3-11 抗折试验后的水泥胶砂试件

图-12 抗折后的试件进行抗压试验

根据水泥规定龄期的抗折强度和抗压强度，按强度的高低，硅酸盐水泥的强度等级分为 6 个：42.5、42.5R、52.5、52.5R、62.5、62.5R；普通硅酸盐水泥的强度等级分为 4 个：42.5、42.5R、52.5、52.5R；复合硅酸盐水泥的强度等级分为 4 个：42.5、42.512、52.5、52.512；其他 3 种水泥的强度等级分为 6 个：32.5、32.5R、42.5、42.5R、52.5、52.5R。

例如：52.5R 表示水泥 28 d 的抗压强度不低于 52.5 MPa，属早强型水泥。

根据《〈通用硅酸盐水泥〉国家标准第 3 号修改单》（GB 175—2007/XG3—2018）规定：不同品种强度等级的通用硅酸盐水泥，其不同龄期的强度应符合表 3-4 中的数值。

表 3-4 通用硅酸盐水泥各强度等级的各龄期强度值

品 种	强度等级	抗压强度/MPa		抗折强度/MPa	
		3 d	28 d	3 d	28 d
硅酸盐水泥	42.5	≥17.0	≥42.5	≥3.5	≥6.5
	42.5R	≥22.0		≥4.0	
	52.5	≥23.0	≥52.5	≥4.0	≥7.0
	52.5R	≥27.0		≥5.0	
	62.5	≥28.0	≥62.5	≥5.0	≥8.0
	62.5R	≥32.0		≥5.5	
普通硅酸盐水泥	42.5	≥17.0	≥42.5	≥3.5	≥6.5
	42.5R	≥22.0		≥4.0	
	52.5	≥23.0	≥52.5	≥4.0	≥7.0
	52.5R	≥27.0		≥5.0	
矿渣硅酸盐水泥 火山灰质硅酸盐水泥 粉煤灰硅酸盐水泥	32.5	≥10.0	≥32.5	≥2.5	≥5.5
	32.5R	≥15.0		≥3.5	
	42.5	≥15.0	≥42.5	≥3.5	≥6.5
	42.5R	≥19.0		≥4.0	
	52.5	≥21.0	≥52.5	≥4.0	≥7.0
	52.5R	≥23.0		≥4.5	

续表

品　种	强度等级	抗压强度/MPa		抗折强度/MPa	
		3 d	28 d	3 d	28 d
复合硅酸盐水泥	42.5	≥15.0	≥42.5	≥3.5	≥6.5
	42.5R	≥19.0		≥4.0	
	52.5	≥21.0	≥52.5	≥4.0	≥7.0
	52.5R	≥23.0		≥4.5	

注:R 代表早强型,即早期(3 d)时间强度较高。

检验结果不符合标准要求的水泥为不合格品。

4)细度(选择性指标)

细度是指水泥颗粒的粗细程度,其对水泥的性质有很大影响。水泥颗粒越细,与水接触面积越大,水化反应较快,早期强度和后期强度越高;但硬化时体积收缩大,易产生裂缝,磨制时能耗多,成本高。如果水泥颗粒过粗,则不利于水泥活性的发挥,因此细度应适宜。

《通用硅酸盐水泥》(GB 175—2007)规定:硅酸盐水泥和普通硅酸盐水泥的细度以比表面积表示,其比表面积不小于 300 m^2/kg;其他 4 种水泥的细度以筛余表示,其 80 μm(0.08 mm)方孔筛筛余不大于 10% 或 45 μm 方孔筛筛余不大于 30%。

凡水泥细度不符合标准要求的为不合格品。

水泥比表面积用勃氏法检测(图 3-13),水泥筛余用筛分法检测(图 3-14)。

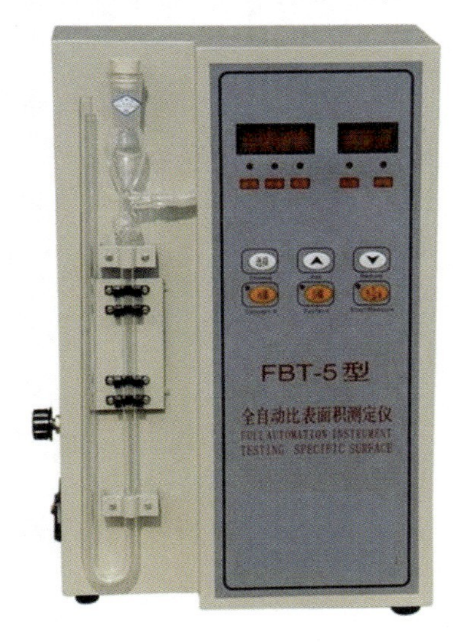

图 3-13　水泥比表面积测定仪

图 3-14　水泥细度负压筛析仪

拓展与提高

水化热

水泥在水化过程中放出的热量称为水化热。水泥的水化热对混凝土工程既有利也有弊。低温环境中的施工，水化热利于水泥的正常凝结硬化和强度发展。但水化热对大体积混凝土工程不利，容易使混凝土产生裂缝，因大体积混凝土工程（如大型基础、大坝、桥墩等）积聚在内部的水化热不易散出，常使内部温度高达 50 ~ 60 ℃。由于混凝土表面散热很快，内外温差的应力可使混凝土产生裂缝。因此，大体积混凝土工程应采用水化热较低的水泥。

硅酸盐水泥水化一般 3 d 内放出的热量占总热量的 50%，7 d 内放出的热量为 75%，其余的水化热需一年甚至更长时间才能放出。水化放热量的大小及速度取决于水泥熟料的矿物组成和细度，并且还与混合材料、外加剂的品种及掺量有关。如果水泥熟料矿物组成中铝酸三钙和硅酸三钙的含量较高，水泥颗粒较细，水化热就大，放热速度也快；如果水泥熟料矿物组成中硅酸二钙的含量较高，水泥颗粒较粗，在水泥中掺入混合材料，则水化热小，放热速度也缓慢。

水泥的腐蚀与防止

1. 水泥的腐蚀

通用硅酸盐水泥硬化后，在一般使用条件下具有较高的耐久性，但是当水泥石长期处于某些侵蚀性介质（如软水、含酸或盐的水等）作用下，会使其强度降低，水泥石结构遭到破坏，这种现象称为水泥石的腐蚀。

引起水泥石腐蚀的原因很多，现象也很复杂，常见的腐蚀现象有软水腐蚀和化学腐蚀（酸、强碱、盐类），都是由于硬化后的水泥石中存在氢氧化钙。它既易溶于水，又能与环境中的酸、强碱、盐发生化学反应，生成强度较低、易溶于水、无胶凝能力、体积大量膨胀的水化产物，从而降低水泥石的强度，致使水泥石结构遭到破坏。若水泥石结构不致密，侵蚀性介质易进入其内部，就会加速水泥石的腐蚀。

2. 水泥石腐蚀的防止

根据水泥石腐蚀的原因，可以采取以下预防措施：

（1）根据侵蚀环境特点，合理选择水泥品种。

（2）降低水泥石的孔隙率，提高水泥石的密实度。

（3）当侵蚀作用很强时，在水泥石的表面加做不透水保护层，如涂刷沥青、粘贴瓷砖等。

水泥验收、抽样送检及品质评定

1. 水泥的验收

施工现场使用的水泥在进场时需要进行相关检验，经过检验合格后，方可接收入库和使用。

按照《通用硅酸盐水泥》（GB 175—2007）的规定进行检验，检验数量按同一生产厂家、同一等级、同一品种、同一批号且连续进场的水泥袋装不超过 200 t 为一批，散装不超

过 500 t 为一批，每批抽样不少于一次。

当使用过程中对水泥的品质有质疑或出厂水泥已超过 3 个月时间，应进行复检，并按照检验结果使用。

2. 水泥的取样

取样要具有代表性，一般可以从 20 个以上的不同部位或 20 袋中取等量样品。散装水泥在水泥卸料处或输送水泥的运输机上取样，总数至少为 12 kg，拌和均匀后分成两等份，一份由实验室按照标准进行试验，另一份密封保存备校验用。

3. 填写送检委托单

材料抽检样品须送具有相应资质等级的实验室进行检测试验，送检单位（人）须填写“材料检测委托（收样）单”，见表 3-5。

表 3-5　水泥检测委托（收样）单

<table>
<tr><td rowspan="5">委托单位填写</td><td>工程代码</td><td colspan="3"></td><td>品　种</td><td></td><td>强度等级</td><td></td></tr>
<tr><td>委托单位</td><td colspan="3"></td><td>样品数量</td><td></td><td>代表数量</td><td></td></tr>
<tr><td>工程名称</td><td colspan="3"></td><td>出厂日期</td><td>年　月　日</td><td>出厂编号</td><td></td></tr>
<tr><td rowspan="2">使用部位</td><td colspan="3" rowspan="2"></td><td>送样人</td><td></td><td>联系电话</td><td></td></tr>
<tr><td>生产单位</td><td></td><td></td><td></td></tr>
<tr><td rowspan="2">委托单位填写</td><td rowspan="2">委托检测项目（检测项目打“√”，不检测项目打“×”。此行不留空白）</td><td>标准稠度用水量</td><td>细度</td><td>凝结时间</td><td>安定性</td><td>强　度</td><td>强度快速测定</td><td>化学指标</td></tr>
<tr><td></td><td></td><td></td><td></td><td></td><td></td><td></td></tr>
<tr><td rowspan="2">见证单位填写</td><td>见证单位</td><td>见证人</td><td>证书编号</td><td>联系电话</td><td colspan="4" rowspan="4">备注</td></tr>
<tr><td></td><td></td><td></td><td></td></tr>
<tr><td rowspan="2">检测单位填写</td><td>样品状态</td><td>有无见证人</td><td>收样人</td><td>收样日期</td></tr>
<tr><td></td><td></td><td></td><td>年　月　日</td></tr>
</table>

4. 水泥质量评定

根据《通用硅酸盐水泥》（GB 175—2007）规定：

（1）检验结果符合化学指标、安定性、凝结时间、强度的规定时为合格品。

（2）检验结果不符合化学指标、安定性、凝结时间、强度规定中任何一项技术要求时为不合格品。

（3）水泥包装标志中水泥品种、强度等级、生产者名称和出厂编号不全的也属不合格品。

思考与练习

(一)填空题

1. 水泥熟料矿物中________凝结硬化速度快,其次是________,最慢的是________;强度最高的是________,强度早期低、后期高的是________;水化热最多的是________,其次是________,最少的是________。

2. 由游离氧化钙引起的水泥安定性不良,可用________方法检验。由游离氧化镁引起的水泥安定性不良用________检验。

3. 根据《通用硅酸盐水泥》(GB 175—2007)规定:6 种水泥的初凝时间不小于________ min;硅酸盐水泥的终凝时间不大于________ min;其他 5 种水泥的终凝时间不大于________ h。

4. 水泥的________强度和________强度是确定水泥强度等级的依据。用________法检验水泥强度,检验水泥强度的规定龄期是________和________。42.5R 表示水泥 28 d 的________强度不低于________ MPa ,R 表示________。影响水泥强度的主要因素是________和________。

5. 水泥颗粒越细,与水反应的表面积越________,水化反应速度________,水泥石的早期强度越________,但硬化收缩________,硅酸盐水泥比表面积国家规定应大于________。

6. 水泥胶砂试件尺寸为____________________。

7. 引起水泥石腐蚀的根本原因是由于水泥石中含有易溶于水的________和水泥石本身不够________。

8. 水泥检验结果符合化学指标、________、________、________的规定为合格品,否则为不合格品。

(二)简答题

1. 什么是硅酸盐水泥的水化?水化后的产物有哪些?

2. 影响水泥凝结硬化的因素有哪些?

3. 何谓水泥的初凝时间、终凝时间？为什么施工中要求水泥初凝时间不宜过早，终凝时间不宜过迟？

4. 什么是水泥体积安定性？引起水泥体积安定性不良的因素有哪些？如何检验安定性？安定性不合格的水泥会产生什么危害？

5. 简述检验水泥强度的方法及强度等级的评定。

6. 如何防止水泥石遭到腐蚀？

7. 何谓水泥的强度？分别写出各种通用硅酸盐水泥的强度等级。

8. 什么样的水泥产品是合格品、不合格品？

9. 为什么大体积混凝土工程不宜采用水化热大的水泥？

任务三 掌握水泥的选(应)用及保管

任务描述与分析

不同品种的水泥都有不同的特性，使用范围也各不相同。另外，水泥极易与水发生水化反应结块而失去胶结能力，因此要采取正确的储运方法。本任务主要学习水泥的选(应)用、保管方面的知识。

知识与技能

(一)通用硅酸盐水泥的主要特性与选(应)用

1. 通用硅酸盐水泥的主要特性

通用硅酸盐水泥的主要特性见表3-6。

表 3-6　通用硅酸盐水泥的成分、特性

品种	硅酸盐水泥	普通水泥	矿渣水泥	火山灰水泥	粉煤灰水泥	复合水泥
成分	水泥熟料、0～5%石灰石或粒化高炉矿渣、适量石膏	水泥熟料、>5%且≤20%活性混合材料、适量石膏	水泥熟料、>20%且≤70%粒化高炉矿渣、适量石膏	水泥熟料、>20%且≤40%火山灰质混合材料、适量石膏	水泥熟料、>20%且≤40%粉煤灰、适量石膏	水泥熟料、>20%且≤50%两种或两种以上的混合材料、适量石膏
主要特性	凝结硬化快 早期强度高 水化热大 抗冻性好 干缩性小 耐蚀性差 耐热性差 抗碳化性好 耐磨性好 湿热养护差	凝结硬化较快 早期强度较高 水化热较大 抗冻较好 干缩较小 耐蚀性较差 耐热性较差 抗碳化性较好 耐磨性较好 湿热养护较差	凝结硬化慢 早期强度低 后期强度增长较快 水化热较低 抗冻性差 干缩性大 耐蚀性较好 耐热性好 抗碳化性差 耐磨性较差 湿热养护好 抗渗性差 保水性差 泌水性大	凝结硬化慢 早期强度低 后期强度增长较快 水化热较低 抗冻性差 干缩性大 耐蚀性较好 耐热性较好 抗碳化性差 耐磨性差 湿热养护好 抗渗性较好	凝结硬化慢 早期强度低 后期强度增长较快 水化热较低 抗冻性差 干缩性较小 耐蚀性较好 耐热性较好 抗碳化性差 耐磨性差 湿热养护好 抗渗性差 抗裂性较好	凝结硬化慢 早期强度低 后期强度增长较快 水化热较低 抗冻性差 耐蚀性较好 其他性能与所掺入的两种或两种以上混合材料的种类、掺量有关

普通硅酸盐水泥是在硅酸盐水泥熟料中掺入一些混合材料而得到的，由于混合材料掺量较少，所以它们两者的性能与应用相近。矿渣水泥、火山灰水泥、粉煤灰水泥的混合材料的化学成分相近，因此表现出的特性也十分相近，但也存在不同特点。由于矿渣是在高温下形成的玻璃体结构，所以矿渣水泥具有较强的耐热性，保水性差，泌水大，拌和水泥需水量大，水泥石孔隙多，抗渗性差，干缩变形大。火山灰质混合料颗粒有大量的细微孔隙，保水性好，泌水低，并且水泥石的结构比较致密。因此，火山灰水泥具有较好的抗渗性、耐水性，但在干燥的环境中易产生裂缝，并使已经硬化的表面产生“起粉”现象。粉煤灰颗粒呈球形，较为致密，吸水性差，拌和需水量小，因此干缩小、抗裂性好，但由于粉煤灰吸水性差，不宜用于干燥环境和抗渗性要求高的工程。

2. 水泥的选用

1）水泥品种的选择

由于不同品种水泥具有不同的特性，因此，水泥品种应根据混凝土工程的特点及所处环境条件来选择，可按表 3-7 推荐选用。

表 3-7 通用硅酸盐水泥的选用

混凝土工程特点及 所处环境条件		优先选用	可以选用	不宜选用
普通混凝土	在一般气候环境中的混凝土	普通水泥	矿渣水泥 火山灰水泥 粉煤灰水泥 复合水泥	
普通混凝土	在干燥环境中的混凝土	普通水泥	矿渣水泥	火山灰水泥 粉煤灰水泥 复合水泥
	在高湿度环境中或长期处于水中的混凝土	矿渣水泥 火山灰水泥 粉煤灰水泥 复合水泥	普通水泥	—
	厚大体积的混凝土	矿渣水泥 火山灰水泥 粉煤灰水泥 复合水泥	—	硅酸盐水泥
特殊要求混凝土	要求快硬高强(>C40)的混凝土	硅酸盐水泥	普通水泥	矿渣水泥 火山灰水泥 粉煤灰水泥 复合水泥
	严寒地区的露天混凝土,寒冷地区处于水位升降范围内的混凝土	普通水泥	矿渣水泥(强度等级 >32.5)	火山灰水泥 粉煤灰水泥
	严寒地区处于水位升降范围内的混凝土	普通水泥(强度等级 >42.5)	—	矿渣水泥 火山灰水泥 粉煤灰水泥 复合水泥
	有抗渗要求的混凝土	普通水泥 火山灰水泥	—	矿渣水泥
	有耐磨性要求的混凝土	硅酸盐水泥 普通水泥	矿渣水泥(强度等级 >32.5)	火山灰水泥 粉煤灰水泥
	受侵蚀性介质作用的混凝土	矿渣水泥 火山灰水泥 粉煤灰水泥	—	硅酸盐水泥

2)水泥强度等级的选择

水泥强度等级应与混凝土设计强度等级相适应,混凝土强度等级越高,所选择的水泥强度

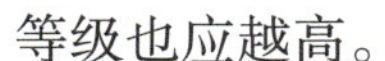

等级也应越高。

(1)一般来说,C20 以下强度等级混凝土所用水泥强度等级应为混凝土强度等级的 2 倍。

(2)C20 ~ C40 强度等级混凝土所用水泥强度等级应为混凝土强度等级的 1.5 ~2 倍。

(3)强度等级高的混凝土(C40 以上)所用水泥强度等级应为混凝土强度等级的 90% ~ 100%。

(4)用于一般素混凝土(如垫层)的水泥强度等级不得低于 32.5。

(5)用于一般钢筋混凝土的水泥强度等级不得低于 32.5R。

(6)预应力混凝土、有抗冻要求的混凝土、大跨度重要结构工程的混凝土等的水泥强度等级不得低于 42.5R。

3. 通用硅酸盐水泥的应用

在建筑工程中,水泥主要用于拌制砂浆、混凝土等,在其中起胶结作用。砂浆用于砌筑(图 3-15)或抹面(图 3-16)等,混凝土用于制作构件、修筑道路、大坝(图 3-17)等。

图 3-15 砂浆砌墙

图 3-16 砂浆抹面

图 3-17 三峡大坝

由于水泥是水硬性胶凝材料,其应用范围极其广,既可用于地上工程,也适用于地下和水中工程。

(二)水泥的储存与保管

(1)水泥很容易吸收空气中的水分,发生水化作用凝结成块状,从而失去胶结能力,因此储存、运输时应注意防水防潮。储存水泥要有专用仓库,库房应有防潮防漏措施,露天堆放必须做到上盖下垫。存放袋装水泥时,地面垫板要离地 300 mm,四周离墙 300 mm。袋装水泥堆放高度一般不应超过 10 袋,以免造成底层水泥纸袋破损而受潮变质和污染损失。散装水泥必须盛放在密闭的库房或容器内。

(2)按不同生产厂家、不同品种、强度等级和出厂日期分开存放,严禁混杂,并防止其他杂物混入。

(3)使用水泥时先存先用,不可久存。

(4)一般水泥的储存期为 3 个月(从出厂日期算起),超过者为过期水泥,过期水泥的活性、强度都会降低,时间越长,降低越多。

(5)过期水泥在使用前应重新鉴定强度等级,按鉴定后的强度等级使用。

拓展与提高

道路硅酸盐水泥

由道路硅酸盐水泥熟料,加入适量石膏及国家标准允许加入的混合材料,磨细制成的水硬性胶凝材料,称为道路硅酸盐水泥(简称为道路水泥),代号 P · R。在道路水泥的硅酸盐水泥熟料中,铝酸三钙的含量不应超过5%,铁铝酸四钙的含量不低于16.0%。

根据《道路硅酸盐水泥》(GB/T 13693—2017)的规定,道路硅酸盐水泥的技术要求如下:

(1)细度:采用比表面积指标,比表面积在 300 ~ 450 m^2/kg 范围内。

(2)凝结时间:道路水泥的初凝时间不小于 1.5 h,终凝时间不大于 10 h。

(3)体积安定性:必须用沸煮法检验合格。

(4)强度等级:道路硅酸盐水泥按照 28 d 抗压强度分为 7.5 和 8.5 两个等级。

(5)干缩性:道路硅酸盐水泥的 28 d 干缩率不得大于 0.10%。

(6)耐磨性:道路硅酸盐水泥的耐磨性以磨耗量表示,28 d 磨耗量不得大于 3.00 kg/m^2。

道路硅酸盐水泥熟料中增加了铁铝酸四钙的含量,因此具有干缩性小、耐磨性好、抗冻性强、抗冲击性和抗折强度高等特点。道路硅酸盐水泥主要用于路面和机场跑道的混凝土工程,还可用于干缩性要求较高的其他混凝土工程。

砌筑水泥

由硅酸盐水泥熟料加入规定的混合材料和适量石膏,磨细制成的保水性较好的水硬性胶凝材料称为砌筑水泥,代号 M。

根据《砌筑水泥》(GB/T 3183—2017)的规定,砌筑水泥的技术要求如下:

(1)细度和安定性与硅酸盐水泥相同。

(2)凝结时间:砌筑硅酸盐水泥的初凝时间不小于 60 min,终凝时间不大于 12 h。

(3)强度:砌筑水泥分为 12.5、22.5 和 32.5 三个强度等级。

(4)保水率:保水率不小于 80%。

(5)细度:80 μm 方孔筛筛余不大于 10.0%。

砌筑水泥强度等级较低,但是能满足砌筑砂浆强度的要求。由于采用了大量活性混合材料,因而降低了砌筑水泥的成本。砌筑水泥主要用于配制砌筑砂浆和抹面砂浆,不能用于结构混凝土。

思考与练习

(一)填空题

1. 厚大体积的混凝土工程不宜采用________水泥,而应优先选用________水泥;干燥环境的工程应优先选用________水泥;水下工程宜优先用________水泥;快硬早强的紧急抢修工程宜优先采用________水泥。

2. 硅酸盐水泥、普通水泥早期强度________,抗冻性________,但耐蚀性________。

3. C20 以下强度等级混凝土所用水泥强度等级应为混凝土强度等级的________,C20 ~ C40 强度等级混凝土所用水泥强度等级应为混凝土强度等级的________,C40 以上强度等级混凝土所用水泥强度等级应为混凝土强度等级的________。

4. 水泥储存、运输时应注意________、________。袋装水泥堆放高度一般不超过________袋。水泥有效存放期为________个月。

(二)简答题

1. 有下列混凝土构件和工程,试分别选用合适的水泥品种。

(1)现浇楼梁、板、柱;

(2)采用蒸汽养护的预制构件;

(3)紧急抢修的工程或紧急军事工程;

(4)大体积混凝土坝、大型设备基础;

(5)高炉基础;

(6)海洋工程。

2. 某住宅工程工期较短,现有强度等级同为 42.5 的硅酸盐水泥和矿渣硅酸盐水泥可选用。从有利于完成工期的角度来看,选用哪种水泥更为有利?

3. 水泥的存放时间过长会出现哪些问题？水泥的有效期是多久？对过期水泥如何处理？

考核与鉴定三

(一)单项选择题

1. 矿渣硅酸盐水泥的代号是(　　)。

A. P·Ⅰ　　B. P·Ⅱ　　C. P·S·A(B)　　D. P·P

2. 火山灰水泥包装袋两侧印刷字体为(　　)。

A. 红色　　B. 绿色　　C. 黑色　　D. 黑色或蓝色

3. 下列属于活性混合材料的是(　　)。

A. 火山灰　　B. 石英砂　　C. 石灰石　　D. 慢冷矿渣

4. 下列关于水泥凝结时间的描述,不正确的是(　　)。

A. 初凝为水泥加水拌和开始至水泥标准稠度的净浆开始失去可塑性所需的时间

B. 终凝为水泥加水拌和开始至水泥标准稠度的净浆完全失去可塑性所需的时间

C. 国家标准规定,凡凝结时间不符合规定者为合格

D. 国家标准规定,硅酸盐水泥初凝时间不小于 45 min,终凝不大于 390 min(6.5 h)

5. 生产硅酸盐水泥时加适量石膏主要起(　　)作用。

A. 促凝　　B. 缓凝　　C. 助磨　　D. 填充

6. 水泥熟料中水化速度最快,28 d 水化热最大的是(　　)。

A. C_3S　　B. C_2S　　C. C_3A　　D. C_4AF

7. 以下水泥熟料中早期强度及后期强度都比较高的是(　　)。

A. C_3S　　B. C_2S　　C. C_3A　　D. C_4AF

8. 用沸煮法检验水泥体积安全性,只能检查出(　　)的影响。

A. 游离 CaO　　B. 游离 MgO　　C. 石膏　　D. SO_3

9. 制作水泥胶砂时,水泥与胶砂是按(　　)的比例来配制的。

A. 1∶2　　B. 1∶2.5　　C. 1∶3.0　　D. 1∶4.0

10. 引起硅酸盐水泥体积安定性不良的原因之一是水泥熟料中(　　)含量过高。

A. CaO　　B. 游离 CaO　　C. $Ca(OH)_2$　　D. $CaCO_3$

11. 下列工程宜选用硅酸盐水泥的是(　　)。

A. 海洋工程　　B. 大体积混凝土　　C. 高温环境中　　D. 早强要求高

12. 对于抗渗性要求较高的混凝土工程,宜选用(　　)水泥。

A. 矿渣　　B. 火山灰　　C. 粉煤灰　　D. 复合

13. 下列不属于活性混合材料的是(　　)。

A. 粒化高炉矿渣　B. 火山灰　C. 粉煤灰　D. 石灰石粉

14. 通常水泥的储存期为(　　)。

A. 1 个月　B. 3 个月　C. 6 个月　D. 1 年

15. 通用硅酸盐水泥的强度等级是根据(　　)来确定的。

A. 细度　B. 3 d 和 28 d 的抗压强度

C. 3 d 和 28 d 的抗折强度　D. B + C

16. 对干燥环境中的工程,应优先选用(　　)。

A. 火山灰水泥　B. 矿渣水泥　C. 普通水泥　D. 粉煤灰水泥

17. 下列水泥适宜湿热养护的是(　　)。

A. P · Ⅰ　B. P · Ⅱ　C. P · O　D. P · S · A

18. 国家标准规定,水泥(　　)检验均合格时,才能评为合格品。

A. 强度、凝结时间　B. 细度、水化热　C. 化学指标、安定性　D. A + C

19. 有抗冻要求的混凝土,应优先选用(　　)。

A. 普通水泥　B. 矿山水泥　C. 火山灰水泥　D. 粉煤灰水泥

20. 高温车间的混凝土结构施工时,水泥应选用(　　)。

A. 粉煤灰硅酸盐水泥　B. 矿渣硅酸盐水泥

C. 火山灰质硅酸盐水泥　D. 普通硅酸盐水泥

21. 硅酸盐水泥的适用范围是(　　)。

A. 海水侵蚀的工程　B. 化学侵蚀的工程

C. 快硬早强的工程　D. 大体积混凝土工程

22. C20 ~ C40 强度等级的混凝土所用水泥强度等级应为混凝土强度等级的(　　)倍。

A. 2　B. 1.5 ~ 2　C. 0.9 ~ 1　D. 0 ~ 0.8

23. 硅酸盐水泥适用于下列(　　)工程。

A. 大体积混凝土　B. 预应力钢筋混凝土

C. 耐热混凝土　D. 受盐水侵蚀的混凝土

24. 抗渗性最差的水泥是(　　)。

A. 普通硅酸盐水泥　B. 火山灰水泥　C. 矿渣水泥　D. 硅酸盐水泥

25. 道路水泥中(　　)的含量高。

A. C_2S,C_4AF　B. C_3S,C_4AF　C. C_3A,C_4AF　D. C_2S,C_3S

26. 硅酸盐水泥的运输和储存应按国家标准规定进行,超过(　　)的水泥须重新试验。

A. 1 个月　B. 3 个月　C. 6 个月　D. 1 年

27. 以下水泥中活性混合料含量最多,耐腐蚀性最好,最稳定的是(　　)。

A. P · S · B　B. P · P　C. P · F　D. P · C

(二)多项选择题

1. 硅酸盐水泥的代号是(　　)。

A. P · Ⅰ　B. P · Ⅱ　C. P · O　D. P · S · A　E. P · S · B

2. 下列属于非活性混合材料的是(　　)。

A. 粒化高炉矿渣　B. 火山灰　C. 粉煤灰　D. 石英砂　E. 石灰石

3. 改变水泥各熟料矿物的含量，可使水泥性质发生相应变化，要使水泥具有较低的水化热，应降低(　　)。

A. C_3S　　B. C_2S　　C. C_3A　　D. C_4AF　　E. ISO

4. 要使水泥具有硬化快、强度高的性能，必须提高(　　)含量。

A. C_3S　　B. C_2S　　C. C_3A　　D. C_4AF　　E. ISO

5. 水泥细度可用(　　)表示。

A. 筛余　　B. 比表面积　　C. 试饼法　　D. 雷氏法　　E. 压蒸法

6. 水泥石的腐蚀包括(　　)。

A. 软水腐蚀　　B. 酸类腐蚀　　C. 强碱腐蚀　　D. 盐类腐蚀　　E. 颜色腐蚀

7. 影响水泥体积安全性的因素主要有(　　)。

A. 游离 MgO　　B. C_3S　　C. 水泥细度　　D. SO_3　　E. 游离 CaO

8. 下列不是引起水泥体积安定性不良的原因是(　　)。

A. 游离 CaO　　B. 游离 MgO　　C. 石膏掺量过多

D. 水胶比过大　　E. 未采用标准养护

9. 下列关于硅酸盐水泥的应用，正确的是(　　)。

A. 适用于早期强度要求高的工程及冬期施工的工程

B. 适用于重要结构的高强混凝土和预应力混凝土工程

C. 不能用于大体积混凝土工程

D. 不能用于海水和有侵蚀性介质存在的工程

E. 适宜蒸汽或蒸压养护的混凝土工程

10. 下列属于掺混合材料硅酸盐水泥特点的是(　　)。

A. 凝结硬化慢，早期强度低，后期强度发展较快

B. 抗软水、抗腐蚀能力强　　C. 水化热高

D. 湿热敏感性强，适宜高温养护

E. 抗碳化能力差、抗冻性差、耐磨性差

11. 水泥的活性混合材料包括(　　)。

A. 石英砂　　B. 粒化高炉矿渣　C. 粉煤灰　　D. 黏土　　E. 石灰石

12. 下列各项是水泥的技术性质的是(　　)。

A. 细度　　B. 强度　　C. 熟化　　D. 凝结硬化　　E. 体积安定性

13. 硅酸盐水泥主要水化产物有(　　)。

A. 水化硅酸钙　　B. 水化铁酸钙　　C. 氢氧化钙

D. 水化铝酸钙　　E. 水化硫铝酸钙

14. 生产水泥的原料主要有(　　)。

A. 石灰质原料　　B. 黏土原材料　　C. 校正原料　　D. 水　　E. 塑料

15. 下列水泥中抗冻性最好的是(　　)。

A. 硅酸盐水泥　　B. 粉煤灰水泥　　C. 矿渣水泥

D. 普通水泥　　E. 火山灰水泥

16. 下列水泥中耐磨性较好的是(　　)。

A. 硅酸性水泥　　B. 粉煤灰水泥　　C. 矿渣水泥
D. 普通水泥　　E. 火山灰水泥

17. 水泥的选用包括(　　)的选择。
A. 水泥强度等级　　B. 水泥品种　　C. 水泥熟料　　D. 水泥混合料
E. 石膏掺量

(三)判断题

1. 水泥包装分袋装和散装两种。 (　　)
2. P·F 代表火山灰水泥。 (　　)
3. 普通水泥活性混合料的掺量为大于5%且小于等于20%。 (　　)
4. 硅酸盐水泥细度越大,其标准稠度用水量越大。 (　　)
5. 体积安全性不合格的水泥,不得用于工程结构中。 (　　)
6. 凡化学指标、安定性、凝结时间、强度中任何一项技术要求不符合规定的水泥为不合格品。 (　　)
7. 硅酸水泥中 C_2S 早期强度低,后期强度高,而 C_3S 正好相反。 (　　)
8. 硅酸盐水泥的细度越细越好。 (　　)
9. 采用湿热养护的混凝土构件,应优先选用硅酸盐水泥。 (　　)
10. 用粒化高炉矿渣加入少量石膏共同磨细,即可制得矿渣硅酸盐水泥。 (　　)
11. 生产水泥的最后阶段还要加入石膏,主要是为了调整水泥的凝结时间。 (　　)
12. 水泥的颗粒越细,水化速度越慢,凝结硬化越慢。 (　　)
13. 42.5R 表示水泥 28 d 的抗压强度为 42.5 MPa,且早期强度较高,属早强型。 (　　)
14. 水泥的生产过程可概括为“两磨一烧”。 (　　)
15. 硬化后的水泥石是由水化产物、未水化的水泥颗粒、水和孔隙组成。 (　　)
16. 复合硅酸盐水泥包装袋两侧字体为红色或绿色。 (　　)
17. 硅酸盐水泥熟料中硅酸三钙的含量最多。 (　　)
18. 在生产水泥中,石膏的掺量越多越好。 (　　)
19. 用沸煮法可以全面检验硅酸盐水泥的体积安定性是否良好。 (　　)
20. 对于大体积混凝土工程,应优先选用硅酸盐水泥。 (　　)
21. 影响水泥石强度的主要因素是水泥的矿物组成与水泥细度,而与拌和加水量的多少关系不大。 (　　)
22. 水泥在加水后的 3 ~ 7 d 内,水化速度很快,强度增长较快,大致到了 28 d,水化过程全部结束。 (　　)
23. 通用硅酸盐水泥氯离子含量在 0.06% 以内。 (　　)
24. 硅酸盐水泥因耐磨性好,且干缩性小,表面不易起粉,可用于地面或道路工程。 (　　)
25. 硅酸盐水泥因其耐磨性好,水化热高,适宜建造混凝土桥墩。 (　　)
26. 对早期强度要求比较高的工程一般使用矿渣水泥、火山灰水泥和粉煤灰水泥。 (　　)
27. 水泥是水硬性胶凝材料,所以在储存时不怕受潮。 (　　)
28. 对于大体积的混凝土工程,应选用硅酸盐水泥。 (　　)

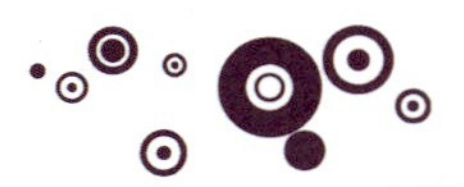

模块四　混凝土

混凝土以其良好的抗水性、优越的可塑性、优异的耐火性及极具竞争力的经济性而成为目前世界上用量最大和使用范围最广的建筑材料，在今后几十年以及可以预见的将来，它仍将会是最重要的工程结构材料之一。近年来，我国混凝土年产量已占世界混凝土年产量的50%以上，是世界上生产和消费混凝土最多的国家。无论是混凝土工程的规模，还是混凝土相关产业的从业人员，都超过了世界其他国家的总和。

混凝土，简称为“砼(tóng)”，是由胶凝材料，水和粗、细骨料按适当比例配合，拌制成拌合物，再经一定时间硬化而成的人造石材。另外，为了改善混凝土的某些性能，还常在混凝土中掺入适量的外加剂和掺合料。

混凝土的使用可以追溯到古老的年代，其所用的胶凝材料有黏土、石灰、石膏、火山灰等。19世纪20年代出现了硅酸盐水泥，由于用它配制成的混凝土具有工程所需要的强度和耐久性，且原料易得、造价较低，特别是能耗较低，因此用途极为广泛。

1867年，在巴黎世界博览会上，法国工程师埃纳比克看到法国园艺家莫尼埃用铁丝网和混凝土制作的花盆、浴盆和水箱后，受到启发，于是设法把这种材料应用于房屋建筑上。1900年，巴黎世界博览会上展示了钢筋混凝土在很多方面的使用，在建材领域引起了一场革命，钢筋混凝土开始成为改变这个世界景观的重要材料。

本模块主要学习混凝土的基本知识，有五个任务，即了解混凝土的定义与分类、掌握普通混凝土的组成、掌握混凝土的性能、掌握混凝土配合比转换、了解其他混凝土。

学习目标

(一)知识目标

1. 能了解普通混凝土的组成，能掌握其原材料的质量控制；
2. 能掌握普通混凝土的主要技术性能：和易性、强度、耐久性；

3. 能了解混凝土外加剂的应用；
4. 能了解其他混凝土的特性及应用。

（二）技能目标

1. 能掌握混凝土拌合物和易性测定方法；
2. 能独立进行混凝土拌合物和易性的测定；
3. 能合理选用普通混凝土的组成材料；
4. 能独立进行配合比的计算；
5. 能检测混凝土质量。

（三）职业素养要求

1. 具有良好的思想道德品质，热爱祖国，遵纪守法，爱岗敬业，团结协作；
2. 具备积极的工作态度与严谨的工作作风；
3. 具有获取信息、学习新知识的能力。

任务一　了解混凝土的定义与分类

任务描述与分析

本任务主要内容为混凝土的定义与分类，通过本任务的学习要求学生了解混凝土的定义，掌握混凝土的分类，同时本任务也是为后续任务的学习打下理论基础。

知识与技能

（一）混凝土的定义

混凝土是由胶凝材料，水和粗、细骨料按适当比例配合，拌制成拌合物，再经一定时间硬化而成的人造石材。另外，为了改善混凝土的某些性能，还常在混凝土中掺入适量的外加剂和掺合料。

通常讲的混凝土，是指用水泥作胶凝材料，砂、石作集料，再与水按一定比例配合，经搅拌、成型、养护而得到的水泥混凝土，也称普通混凝土。

（二）混凝土的分类

（1）按表观密度［指自然状态下，单位体积（包括实体积和孔隙体积在内）材料的质量］的大小分类：可分为重混凝土（表观密度 >2 800 kg/m^3）、普通混凝土（2 000 kg/m^3 ≤表观密度≤2 800 kg/m^3）、轻混凝土（表观密度 <2 000 kg/m^3）。

（2）按所用胶凝材料分类：可分为水泥混凝土、沥青混凝土、装饰混凝土、水玻璃混凝土、石膏混凝土和聚合物混凝土等，其中水泥混凝土在建筑工程中用量最大、用途最广泛。

（3）按用途分类：可分为结构混凝土、防水混凝土、装饰混凝土、防辐射混凝土、隔热混凝土和耐火混凝土等。

（4）按拌合物的流动性分类：可分为干硬性混凝土（坍落度值 $T<10$ mm）、塑性混凝土（坍落度值 $T\geqslant 10$ mm）。

（5）按强度等级分类：可分为低强度混凝土（强度等级为 C15 ~ C25）、中等强度混凝土（强度等级为 C30 ~ C55）、高强度混凝土（强度等级为 C60 ~ C100）、超高强度混凝土（强度等级为 C100 以上）。

（6）按施工工艺分类：可分为自拌混凝土、预拌混凝土、泵送混凝土、喷射混凝土、压力灌浆混凝土、离心混凝土等。

拓展与提高

混凝土的优缺点

混凝土与木材、金属、砖、玻璃、石材等其他工程材料相比，具有许多优越性。

（1）材料来源广泛。混凝土中占整个体积 80% 以上的砂、石均可就地取材。

（2）性能可调范围大。根据使用功能要求，可以在相当大的范围内对混凝土的强度、保温耐热性、耐久性及工艺性能进行调整。

（3）在硬化前具有良好的塑性，可以满足制作各种复杂结构构件的施工要求。

（4）施工工艺简易多变，可以进行简单的人工浇筑，也可以根据不同的工程环境特点采用泵送、喷射、水下施工等工艺。

（5）可与钢筋复合使用，用钢筋增强。钢筋与混凝土的线性膨胀系数几乎相等，因此两者可复合使用，并且钢筋弥补了混凝土抗拉强度低的缺点，扩大了其应用范围。

（6）有较高的强度和耐久性。近代高强度混凝土的抗压强度可达 100 MPa 以上，其耐久年限可达数百年。

混凝土的缺点主要有：自重大、养护周期长、导热系数大、不耐高温、拆除废弃物再生利用性较差等。随着混凝土新功能、新品种的不断开发，这些缺点正在不断被克服和改进。

思考与练习

（一）填空题

普通混凝土的基本组成材料是________、________和________，另外还经常掺入适量的

________和________改善其性能。

(二)简答题

1. 什么是混凝土？混凝土按流动性、强度等级可分为哪几类？

2. 简述混凝土的优缺点。

任务二　掌握混凝土的组成

任务描述与分析

本任务主要内容为普通混凝土各组成材料的性质和质量要求。本模块中任务三混凝土的主要技术性质在很大程度上是由原材料的性质及其相对含量决定的。通过本任务的学习，要求学生必须掌握混凝土原材料的性质和质量要求，从而能够合理地选择原材料。

知识与技能

普通混凝土(简称为混凝土)是由水泥、砂、石和水组成。为改善混凝土的某些性能，还常加入适量的外加剂和掺合料。在混凝土中，砂、石起骨架作用，称为骨料；水泥与水形成水泥浆，水泥浆包裹在骨料表面并填充其空隙。在硬化前，水泥浆起润滑作用，赋予混凝土拌合物一定的和易性，便于施工；水泥浆硬化后，将砂、石胶结成整体而具有强度。混凝土的结构如图4-1所示。

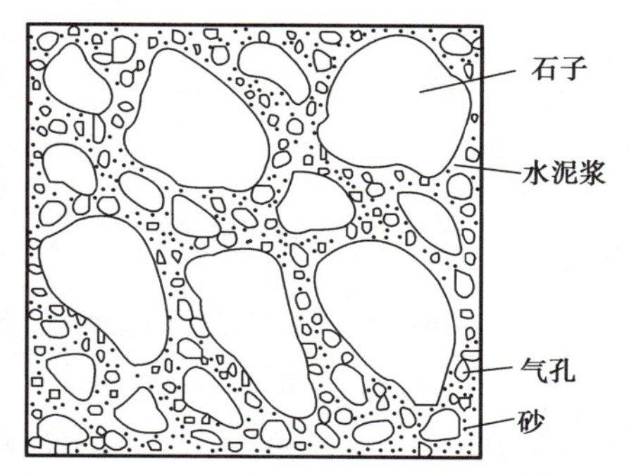

图4-1　普通混凝土的结构示意图

(一)水泥

水泥是混凝土中造价所占比例最高、最重要的原材料，直接影响混凝土的强度、耐久性和经济性。所以，在混凝土中要合理选择水泥的品种和强度等级，具体可参照模块三中的相关内容。

1. 水泥品种选择

水泥是胶凝材料，其性能对混凝土的性质有重要影响。水泥品种应根据工程性质和工程所处环境进行选择。

2. 水泥强度等级的选择

水泥的强度等级应与混凝土的设计强度等级相适应，强度低了不行，但强度过高既不经济也不合理，一般以水泥强度等级为混凝土强度等级的1.5～2倍较为适宜。

（二）细骨料——砂

砂、石是混凝土中的填充料，称为骨料（也称集料）。混凝土所用的骨料按粒径大小分为粗骨料和细骨料。粒径在0.15～4.75 mm的骨料称为细骨料，包括天然砂和机制砂（俗称人工砂）。天然砂是自然生成的，经人工开采和筛分的粒径小于4.75 mm的岩石颗粒，包括河砂、湖砂、山砂、淡化海砂，但不包括软质、风化的岩石颗粒，其中河砂应用最广。机制砂是经除土处理，由机械破碎、筛分制成的，粒径小于4.75 mm的岩石、矿山尾矿或工业废渣颗粒，但不包括软质、风化的颗粒。随着河砂的开采资源不断匮乏，机制砂的应用正逐步增加。

配制混凝土所采用的细骨料的质量要求有以下几个方面：

1. 含泥量、泥块含量、有害物质含量及规定

配制混凝土的细骨料要求清洁不含杂质，以保证混凝土的质量。但实际上砂中常含有云母、硫酸盐、淤泥等有害物质，这些杂质黏附在砂的表面，妨碍水泥与砂的黏结，降低混凝土的强度，同时还增加混凝土的用水量，从而加大混凝土的收缩，降低混凝土的耐久性。

根据《建设用砂》（GB/T 14684—2011）要求，砂中杂质含量应符合表4-1中的规定。

表4-1 混凝土用砂有害物质限值

<table>
<tr><th colspan="3">类别</th><th>Ⅰ</th><th>Ⅱ</th><th>Ⅲ</th></tr>
<tr><td colspan="3">云母（按质量计）/%</td><td>≤1.0</td><td colspan="2">≤2.0</td></tr>
<tr><td colspan="3">轻物质（按质量计）/%</td><td colspan="3">≤1.0</td></tr>
<tr><td colspan="3">有机物</td><td colspan="3">合格</td></tr>
<tr><td colspan="3">硫化物及硫酸盐（按 SO_3 质量计）/%</td><td colspan="3">≤0.5</td></tr>
<tr><td colspan="3">氯化物（以氯离子质量计）/%</td><td>≤0.01</td><td>≤0.02</td><td>≤0.06</td></tr>
<tr><td colspan="3">贝壳（按质量计）/%[a]</td><td>≤3.0</td><td>≤5.0</td><td>≤8.0</td></tr>
<tr><td colspan="3">天然砂含泥量（按质量计）/%</td><td>≤1.0</td><td>≤3.0</td><td>≤5.0</td></tr>
<tr><td colspan="3">天然砂和机制砂的泥块含量（按质量计）/%</td><td>≤0</td><td>≤1.0</td><td>≤2.0</td></tr>
<tr><td rowspan="3">机制砂</td><td rowspan="2">MB≤1.4（快速法试验合格）</td><td>MB值</td><td>≤0.5</td><td>≤1.0</td><td>≤1.4或合格</td></tr>
<tr><td>石粉含量</td><td colspan="3">≤10.0</td></tr>
<tr><td colspan="2">MB＞1.4（快速法试验不合格）的石粉含量</td><td>≤1.0</td><td>≤3.0</td><td>≤5.0</td></tr>
</table>

注：①[a] 该指标仅适用于海砂，其他砂种不作要求；

②含泥量是指粒径小于0.075 mm的颗粒含量；

③泥块含量是指粒径大于1.18 mm，经水浸洗、手捏后小于0.6 mm的颗粒含量。

2. 颗粒形状及表面特征

细骨料的颗粒形状及表面特征会影响其与水泥的黏结及混凝土拌合物的流动性。河砂、海砂的颗粒圆滑，拌制的混凝土流动性好，但海砂中常混有贝壳碎片及可溶性盐类，会影响混凝土强度及耐久性，所以配制混凝土时多采用河砂。山砂颗粒多棱角、表面粗糙，与水泥石黏结好，故拌制的混凝土强度较高，但拌合物的流动性较差，并且选用山砂时，应清洗山砂表面及夹层中的有害杂质，控制 5 mm 以上颗粒的含量。

3. 粗细程度与颗粒级配

1）定义

砂的粗细程度是指不同粒径的砂粒混合在一起后总体的粗细程度。根据砂的粗细程度，可将砂分为粗砂、中砂、细砂、特细砂四种规格。在砂用量相同的条件下，若砂过细，则砂的总表面积就较大，需要包裹砂粒表面的水泥浆数量多，水泥用量就多；若砂过粗，虽然能减少水泥用量，但混凝土拌合物的黏聚性变差，容易发生分层离析现象。

砂的颗粒级配是指砂中粒径不同的粗细颗粒相互搭配的比例情况。在混凝土中，砂颗粒间的空隙是由水泥浆来填充的，为了节约水泥和提高混凝土强度，就应尽量减小砂粒之间的空隙。从图 4-2 可以看到：粒径相同的砂堆积起来空隙率最大；两种粒径的砂搭配起来，空隙就减少；三种粒径的砂搭配，空隙就更小了。由此可见，要想减小砂粒之间的空隙，就必须要有不同粒径的砂相互搭配，即级配良好的砂。

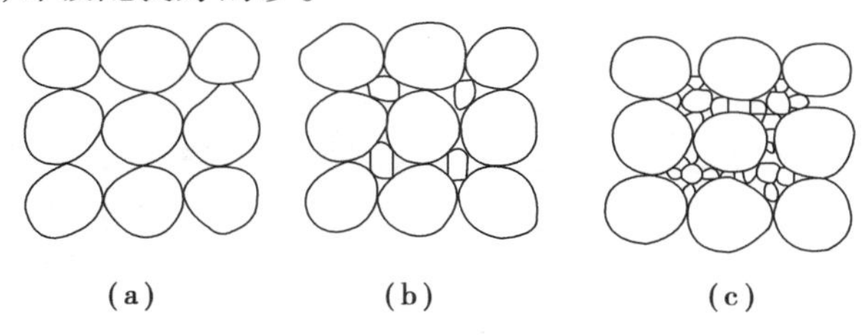

图 4-2 砂的颗粒级配

综上所述，在拌制混凝土时，应同时考虑砂的粗细程度和颗粒级配。选择较粗的、级配良好的砂，既能保证混凝土的质量又能节省水泥。

2）测定方法

砂的粗细程度和颗粒级配常用筛分析法进行测定，用细度模数表示砂的粗细程度，用级配区表示砂的颗粒级配。

筛分析法是用一套孔径（净尺寸）为 0.15，0.30，0.60，1.18，2.63，4.75 mm 的标准方孔筛，将 500 g 干砂由粗到细依次过筛，然后称取余留在各筛上的砂的质量（分计筛余量），并计算出各筛上的分计筛余百分率（各筛上的筛余量除以砂样总质量）及累计筛余百分率（各筛及比该筛粗的所有分计筛余百分率之和）。砂的累计筛余百分率与分计筛余百分率的关系见表 4-2。

砂的细度模数（M_x）按下式计算：

$$M_x = \frac{(A_2 + A_3 + A_4 + A_5 + A_6) - 5A_1}{100 - A_1}$$

表 4-2 筛余量、分计筛余百分率、累计筛余百分率的关系

筛尺寸/mm	筛余量 m_i/g	分计筛余百分率 a_i/%	累计筛余百分率 A_i/%
4.75	m_1	a_1	$A_1 = a_1$
2.36	m_2	a_2	$A_2 = a_1 + a_2$
1.18	m_3	a_3	$A_3 = a_1 + a_2 + a_3$
0.6	m_4	a_4	$A_4 = a_1 + a_2 + a_3 + a_4$
0.3	m_5	a_5	$A_5 = a_1 + a_2 + a_3 + a_4 + a_5$
0.15	m_6	a_6	$A_6 = a_1 + a_2 + a_3 + a_4 + a_5 + a_6$

注：$a_i = \frac{m_i}{500} \times 100$。

细度模数越大，表示砂越粗。按细度模数的大小，可将混凝土用砂分为：粗砂 $M_x = 3.7 \sim 3.1$；中砂 $M_x = 3.0 \sim 2.3$；细砂 $M_x = 2.2 \sim 1.6$。

砂的粗细程度并不能反映级配优劣。细度模数相同的砂，其级配可能相差很大。因此，评定砂的质量应同时考虑砂的级配。

《建设用砂》(GB/T 14684—2011)根据 0.60 mm 筛孔的累计筛余百分率分成三个级配区。混凝土用砂的颗粒级配应处于表 4-3 中的任何一个级配区内。

表 4-3 砂的颗粒级配区

砂的分类	天然砂			机制砂		
级配区	1 区	2 区	3 区	1 区	2 区	3 区
方筛孔	累计筛余/%					
4.75 mm	10 ~ 0	10 ~ 0	10 ~ 0	10 ~ 0	10 ~ 0	10 ~ 0
2.36 mm	35 ~ 5	25 ~ 0	15 ~ 0	35 ~ 5	25 ~ 0	15 ~ 0
1.18 mm	65 ~ 35	50 ~ 10	25 ~ 0	65 ~ 35	50 ~ 10	25 ~ 0
600 μm	85 ~ 71	70 ~ 41	40 ~ 16	85 ~ 71	70 ~ 41	40 ~ 16
300 μm	95 ~ 80	92 ~ 70	85 ~ 55	95 ~ 80	92 ~ 70	85 ~ 55
150 μm	100 ~ 90	100 ~ 90	100 ~ 90	97 ~ 85	94 ~ 80	94 ~ 75

一般认为，处于 2 区的砂粗细适中，级配较好，拌制混凝土较为理想。处于 1 区级配的砂含粗颗粒较多，属于粗砂，拌制混凝土的保水性差。处于 3 区的砂属于细砂，拌制的混凝土保水性、黏聚性好，但水泥用量大、干缩大，容易产生裂缝。

4. 砂的等级评定

根据砂中有害杂质的含量及砂的坚固性，将砂分为Ⅰ类、Ⅱ类、Ⅲ类。有害物质的含量应符合表 4-1 的规定。

砂的坚固性是指其抵抗自然环境对其腐蚀或风化的能力。按《建设用砂》(GB/T 14684—

2011)规定,天然砂采用硫酸钠溶液法进行试验,砂样经 5 次循环质量损失应符合表 4-4 的规定。

表 4-4　砂的坚固性指标

类　别	Ⅰ	Ⅱ	Ⅲ
质量损失/%	≤8		≤10

(三)粗骨料——石子

粒径大于 4.75 mm 的骨料称为粗骨料。常用的粗骨料有卵石和碎石两种。由天然岩石、卵石或矿山废石经机械破碎、筛分制成的,粒径大于 4.75 mm 的岩石颗粒称为碎石;由自然风化、水流搬运和分选,堆积形成的,粒径大于 4.75 mm 的岩石颗粒称为卵石。

配制混凝土所采用的粗骨料的质量要求有以下几个方面:

1. 有害物质

根据国家标准《建设用卵石、碎石》(GB/T 14685—2011)的规定,粗骨料中常含有黏土、淤泥、硫化物和硫酸盐及卵石中的有机质等有害物质,它们的危害作用与在细骨料中相同。

另外,在石子中常含有针状(颗粒长度大于该颗粒相应粒级平均粒径的 2.4 倍)和片状(厚度小于平均粒径的 40%)颗粒,平均粒径是指该粒级上、下限粒径的平均值。针、片状颗粒易折断,其含量较多时,会降低拌合物的流动性和硬化后混凝土的强度。

粗骨料中含泥量和泥块含量应符合表 4-5 的规定,针片状颗粒的含量应符合表 4-6 的规定,有害物质限量应符合表 4-7 的规定。

表 4-5　含泥量和泥块含量

类　别	Ⅰ	Ⅱ	Ⅲ
含泥量(按质量计)/%	≤0.5	≤1.0	≤1.5
泥块含量(按质量计)/%	0	≤0.2	≤0.5

表 4-6　针、片状颗粒含量

类　别	Ⅰ	Ⅱ	Ⅲ
针、片状颗粒总含量(按质量计)/%	≤5	≤10	≤15

表 4-7　有害物质限量

类　别	Ⅰ	Ⅱ	Ⅲ
有机物	合格	合格	合格
硫化物及硫酸盐(按 SO_2 质量计)/%	≤0.5	≤1.0	≤1.0

2. 粗骨料的粗细程度和颗粒级配

1)粗细程度

粗骨料的粗细程度用最大粒径表示。粗骨料的规格是用其最小粒径至最大粒径的尺寸(即公称粒级)表示,如5～20 mm、5～40 mm。

公称粒级的上限称为该粒级的最大粒径。例如,当使用5～40 mm的粗骨料时,不管这批粗骨料中最大的石子粒径值为多少,此粗骨料的最大粒径均为40 mm。

粗骨料最大粒径增大时,其表面积减小,有利于节约水泥。因此,粗骨料的最大粒径应在条件允许时尽量选择得大些。但研究表明,粗骨料最大粒径超过80 mm后节约水泥的效果不明显。同时,选用粒径过大的石子会给混凝土搅拌、运输振捣等带来困难。另外,结构截面尺寸、钢筋间净距等因素也影响石子最大粒径。因此,需要综合考虑各种因素来确定石子的最大粒径。

《混凝土结构工程施工质量验收规范》(GB 50204—2015)对粗骨料最大粒径作了如下规定:

(1)混凝土用的粗骨料,其最大粒径不得超过结构截面最小尺寸的1/4,且不得大于钢筋间最小净距的3/4。

(2)对于混凝土实心板,骨料的最大粒径不得超过板厚的1/3,且不得超过40 mm。

2)颗粒级配

粗骨料级配与细骨料级配的原理基本相同,也要求有良好的颗粒级配,以减小空隙率、节约水泥、提高混凝土的密实度和强度。

粗骨料的颗粒级配分为连续级配和单粒级配两种。

连续级配是指石子粒级呈连续性,颗粒由大到小,每级石子占一定的比例。连续级配的粗骨料颗粒间粒差小,配制的混凝土和易性好,不易发生离析现象。连续级配是粗骨料最理想的级配形式,目前在建筑工程中最常用。

单粒级配是人为剔除某些粒级颗粒,从而使粗骨料的级配不连续,又称为间断级配。单粒级配较大粒径骨料之间的空隙直接由比它小许多的小粒径颗粒填充,使空隙率达到最小,密实度增加,可以节约水泥。但由于颗粒粒径相差较大,混凝土拌合物容易产生离析现象,导致施工困难,一般工程中较少使用。单粒级配一般不单独使用,常用于组合成连续粒级,也可与连续级配配合使用。

粗骨料颗粒级配也通过筛分析试验确定,其方法和计算原理与细骨料相同。试验时,要求各筛上的累计筛余百分率应符合表4-8规定。

3. 强度

粗骨料在混凝土中起骨架作用,必须有足够的强度,以保证混凝土体系的坚固性。其强度可用岩石立方体强度和压碎指标两种方法表示,其中压碎指标的测试方法最为常用。

《建设用卵石、碎石》(GB/T 14685—2011)中规定了压碎指标的测试方法。压碎指标值越小,说明石子强度越高。骨料的压碎指标值不应超过表4-9的规定。

表 4-8 卵石、碎石颗粒级配

公称粒级/mm		累计筛余百分率/%											
		方孔筛/mm											
		2.36	4.75	9.50	16.0	19.0	26.5	31.5	37.5	53.0	63.0	75.0	90
连续粒级	5～16	95～100	85～100	30～60	0～10	0							
	5～20	95～100	90～100	40～80	—	0～10	0						
	5～25	95～100	90～100	—	30～70	—	0～5	0					
	5～31.5	95～100	90～100	70～90	—	15～45	—	0～5	0				
	5～40	—	95～100	70～90	—	30～65	—	—	0～5	0			
单粒粒级	5～10	95～100	80～100	0～15	0								
	10～16		95～100	80～100	0～15								
	10～20		95～100	85～100		0～15	0						
	16～25			95～100	55～70	25～40	0～10						
	16～31.5		95～100		85～100			0～10	0				
	20～40			95～100		80～100			0～10	0			
	40～80					95～100			70～100		30～60	0～10	0

表 4-9 碎石或卵石压碎指标

类　别	Ⅰ	Ⅱ	Ⅲ
碎石压碎指标/%	≤10	≤20	≤30
卵石压碎指标/%	≤12	≤14	≤16

4. 拌和及养护用水

在拌制和养护混凝土用的水中，不得含有影响水泥正常凝结硬化的有害物质，如油脂、糖类等。污水、pH 值小于 4 的酸性水、含硫酸盐超过水质量 1% 的水及会对钢筋造成锈蚀的海水等均不得使用。凡是可以饮用的自来水、清洁的天然水都可用来拌制和养护混凝土。

5. 外加剂

混凝土外加剂是在拌制混凝土过程中掺入，用以改善混凝土性能的物质。其掺入量不大于水泥质量的 5%（特殊情况除外）。因掺量较少，一般在配合比设计时，不考虑其对混凝土体积或质量的影响。

混凝土外加剂的作用主要是改善混凝土拌合物的和易性，调节凝结硬化时间，控制强度发展和提高耐久性等。

拓展与提高

混凝土外加剂

工程结构和施工技术的发展对混凝土性能不断提出新的要求,为适应发展需要,常采用外加剂改善混凝土性能,调节混凝土强度等级。外加剂的掺入量很小,却能显著地改善混凝土的性能,提高技术经济效果,且使用方便,因此受到国内外的普遍重视。目前,外加剂已成为混凝土中除水泥、砂、石、水以外的第五组分。

混凝土外加剂种类繁多,每种外加剂常常具有一种或多种功能。外加剂按其使用效果分类见表4-10。

表4-10 混凝土外加剂分类

类别		作用
减水剂	普通减水剂	减水,提高混凝土强度或改善和易性
	高效减水剂	配制高强度混凝土
引气剂	—	增加含气量,改善和易性,提高抗冻性和抗渗性
调凝剂	缓凝剂	延缓凝结时间,降低水化热
	早强剂	提高混凝土早期强度
	速凝剂	速凝,提高早期强度
防冻剂	—	使混凝土在负温下水化,达到预期强度
膨胀剂	—	减少干缩

1.减水剂

减水剂是指在保证混凝土坍落度不变的条件下,能减少拌和用水量的外加剂。

1)减水剂的作用机理

(1)吸附作用

水泥加水拌和后,由于水泥颗粒间具有分子引力作用,会产生许多絮状物而形成絮凝结构,使10%~30%的游离水被包裹在其中,从而降低了混凝土拌合物的流动性。当加入适量减水剂后,减水剂分子定向吸附于水泥颗粒表面,使水泥的颗粒表面带上电性相同的电荷,产生静电斥力使水泥颗粒分开,从而导致絮状结构解体,释放出游离水,有效地增加了混凝土拌合物的流动性。

(2)湿润作用

水泥加水拌和后,其颗粒表面被水湿润,湿润程度对混凝土拌合物的性质影响很大。减水剂属于界面活性物质,掺入水泥浆中能降低体系的界面张力,因此能增加水泥颗粒与水的接触面积,即能使水泥颗粒更好地分散。

(3)润滑作用

当水泥颗粒表面吸附足够的减水剂后,在水泥颗粒表面形成一层稳定的溶剂化水膜,这层水膜是很好的润滑剂,有助于水泥颗粒的滑动,从而进一步提高混凝土的流动性。

(4)缓凝作用

减水剂一般具有缓凝作用。掺入适量减水剂后,往往会阻碍水泥颗粒与水之间的接触,因而具有缓凝作用。这种缓凝作用在使用普通减水剂并且不减少拌和用水量的情况下尤为显著。

2)减水剂的经济技术效果

(1)提高混凝土拌合物的流动性

在拌和水量不变的条件下,掺入减水剂可使混凝土的坍落度提高100~200 mm。

(2)提高混凝土强度

在保持拌合物坍落度不变的条件下,能减少用水量10%~15%。如果水泥用量不变,减少用水量即降低水灰比(W/C),能提高混凝土强度15%~20%。

(3)节省水泥

若保持混凝土强度不变,即保持W/C不变,可在减水的同时减少水泥用量,节约水泥10%~15%,降低混凝土的成本。

(4)有利于提高耐久性

掺入减水剂后使拌合物流动性提高,易于浇筑密实,且能减少混凝土用水量,减少混凝土的泌水,使混凝土内部毛细孔孔隙减少,有利于提高混凝土的抗冻性和抗渗性。

(5)减慢水化放热速度,推迟放热峰的出现

缓凝型减水剂具有延缓水泥水化的作用,其机理是减水剂分子定向吸附在水泥颗粒表面,起抑制和延缓水泥水化的作用。同时,在满足相同强度、相同耐久性要求的条件下,使用减水剂可减少水泥用量,降低总的水化热量。这两点均有利于克服大体积混凝土由于温度应力所产生的裂缝。

2. 早强剂

早强剂是指能提高混凝土早期强度,并对后期强度无显著影响的外加剂。早强剂可以在常温、低温和负温(不低于-5 ℃)条件下加速混凝土的硬化过程,多用于要求早拆模工程、冬季施工和抢修工程。

3. 引气剂

引气剂是指在混凝土搅拌过程中,能引入大量分布均匀、稳定而封闭的微小气泡(直径在10~100 μm)的外加剂。引气剂能有效减少混凝土拌合物的泌水离析,明显改善混凝土拌合物的和易性,提高硬化混凝土的抗冻性和抗渗性。引气剂不宜用于蒸汽养护的混凝土和预应力混凝土。

4. 缓凝剂

缓凝剂是指能延缓混凝土凝结时间,并对混凝土后期强度发展无不利影响的外加剂。缓凝剂具有缓凝、减水、降低水化热等多种功能,适用于大体积混凝土、炎热气候条件下施工的混凝土、长期停放及远距离运输的商品混凝土。缓凝剂不宜用于日最低气温5 ℃以下施工的混凝土,也不宜单独用于有早强要求的混凝土及蒸养混凝土。

5. 速凝剂

速凝剂是指能使混凝土迅速凝结硬化的外加剂。速凝剂主要用于矿山井巷、铁路隧洞、引水涵洞、地下工程以及喷射混凝土工程。

6. 防冻剂

防冻剂是指能使混凝土在负温下硬化,并在规定养护条件下达到预期性能的外加剂。防冻剂主要用于冬季、外气温低于0 ℃时施工的混凝土工程。

7. 膨胀剂

膨胀剂是指能使混凝土产生一定体积膨胀的外加剂。

8. 外加剂的选择与使用

外加剂品种的选择,应根据工程需要、施工条件、混凝土原材料等因素通过试验确定。外加剂品种确定后,要认真确定外加剂的掺量:掺量过小,往往达不到预期效果;掺量过大,则会影响混凝土的质量,甚至造成事故。因此,应通过试验试配确定最佳掺量。外加剂一般不能直接投入混凝土搅拌机内,应配制成合适浓度的溶液,随水加入搅拌机进行搅拌。对于不溶于水的外加剂,应与适量水泥或砂混合均匀后再加入搅拌机内。

集料的取样送检

1. 检验项目

(1)砂的抽检项目每一验收批应进行颗粒级配、含泥量、泥块含量、石粉含量、有害物质含量的检测,以及坚固性试验。

(2)石子的抽检项目每一批应进行颗粒级配、含泥量、泥块含量、针片状颗粒含量、有害物质含量的检测,以及坚固性及强度试验。

2. 取样方法

建筑用砂、石子按不同类别、规格、适用等级,以每600 t为一验收批,不足600 t亦为一检验批。

在料堆上取样时,取样部位应均匀分布。取样前,先将取样部位表层铲除。对于砂,从不同部位随机抽取大致等量的8份,组成一组样品;对于石子,在堆料的顶部、中部和底部均匀分布的15个不同部位取得大致等量的石子15份,组成一组样品。取样数量应符合有关规定。

3. 集料的各项性能试验及结果判定

进行砂、石子的各个项目试验,作好记录,并计算并判定结果。试验方法和规则符合有关规定。

检验时,若有一项性能不合格,应从同一批材料中加倍取样,对不符合标准要求的项目进行复检。复检后,若该项指标合格,可判为该批材料合格;若仍不合格,则判该批材料为不合格。

思考与练习

(一)填空题

1. 选择混凝土骨料时,应使其总表面积________(大、小),空隙率________(大、小)。

2. 早期强度要求较高的钢筋混凝土工程使用的外加剂是________,抗渗要求高的混凝土工程使用的外加剂是________,大坍落度的混凝土工程使用的外加剂是________,炎热夏季施工,且运距过远的混凝土工程使用的外加剂是________,增加混凝土密实性,减少混凝土收缩使用的外加剂是________。

（二）简答题

1. 普通混凝土各组成材料在混凝土中各起什么作用？

2. 混凝土中是不是选用水泥的强度等级越高越好？

3. 什么是砂的颗粒级配和粗细程度？如何评定砂的颗粒级配和粗细程度？

4. 配制混凝土时，选择石子的最大粒径应考虑哪些方面因素？混凝土结构工程施工中对粗骨料最大粒径作了哪些规定？

5. 现有某砂样 500 g，经筛分试验各号筛的筛余量见表 4-11，计算分计筛余百分率和累计筛余百分率，并通过计算砂的细度模数确定其类型。

表 4-11　题 5 表

筛孔尺寸/mm	4.75	2.36	1.18	0.60	0.30	0.15	<0.15
筛余量/g	25	35	90	125	125	75	25
分计筛余百分率/%							
累计筛余百分率/%							

6. 某钢筋混凝土梁的截面尺寸为240 mm×450 mm，钢筋净距为45 mm，求石子的最大粒径是多少？

7. 什么是粗集料？其粗细程度、规格分别用什么表示？

8. 简述混凝土减水剂的作用机理及其技术经济效果。

任务三　掌握混凝土的性质

任务描述与分析

本任务主要学习混凝土的三大技术性质，即混凝土拌合物的和易性、强度和耐久性。学生应在掌握混凝土的组成材料的基础上进行学习。通过本任务的学习，要求学生掌握混凝土拌合物和易性的概念及内容、测定方法及影响因素，混凝土强度等级的表示方法、测定方法及影响因素，混凝土耐久性的概念、内容及提高耐久性的措施等，具备混凝土质量鉴别检测的能力。

知识与技能

混凝土在凝结硬化前，称为混凝土拌合物。混凝土拌合物必须具有良好的和易性，以便于施工；硬化后的混凝土应具有足够的强度和必要的耐久性。

(一)混凝土的和易性

1. 和易性的概念

和易性是指混凝土拌合物易于施工操作(拌合、运输、浇灌、振捣),并能获得质量均匀、成型密实的混凝土的性能。和易性是一项综合技术性能,主要包括流动性、黏聚性和保水性三个方面的性能。

流动性是指混凝土拌合物在自重或施工机械振捣作用下,产生流动并均匀密实地填满模具的性能。流动性反映出拌合物的稀稠。若混凝土拌合物太干稠,流动性差,则难以振捣密实;若拌合物过稀,虽然流动性好,但容易出现分层离析现象,从而影响混凝土质量。

黏聚性是指混凝土拌合物各组成材料间有一定的黏聚力,在施工过程中不致产生分层(拌合物在停放、运输、成型过程中受重力或外力作用各组分出现层状分离的现象)和离析(拌合物中某组分产生分离、析出的现象)仍能保持整体均匀的性质。

保水性是指混凝土拌合物保持水分不易析出的能力。保水性差的混凝土拌合物在振捣后,会有水分泌出(简称泌水),并在混凝土内形成贯通的孔隙。这不但影响混凝土的密实性,降低强度,而且还会影响混凝土的抗渗、抗冻等耐久性能。

和易性是上述三种性能的综合体现,它们有各自的内容,既互相联系,又存在矛盾。黏聚性好时,保水性往往也好;流动性增大时,黏聚性和保水性往往会变差。不同工程对混凝土拌合物和易性的要求也不同,应根据工程的具体情况进行处理,既要有所侧重,又要统筹兼顾。

2. 和易性的测定方法

到目前为止,还没有一种能全面反映拌合物和易性的测定方法。通常是采用坍落度试验或维勃稠度试验测定混凝土拌合物的流动性,并辅以直观经验评定黏聚性和保水性。

根据我国现行标准《普通混凝土拌合物性能试验方法》(GB/T 50080—2016)规定,混凝土拌合物的和易性用坍落度试验或维勃稠度试验测定。

1)坍落度试验

坍落度的测试方法:在平整、润滑且不吸水的操作面上放置一个上口 100 mm、下口 200 mm、高 300 mm 喇叭状的坍落度桶,将混凝土拌合物分 3 次装入筒内(每次装料 1/3 筒高),每次填装后用插捣棒沿桶壁均匀由外向内插捣 25 下,捣实后抹平,然后拔起桶,混凝土因自重产生塌落现象,用桶高(300 mm)减去塌落后混凝土最高点的高度,称为坍落度值(图 4-3)。如果差值为 100 mm,则坍落度为 100。坍落度值越大,表示流动性越大。

在进行坍落度试验的同时,还应观察拌合物的黏聚性和保水性。用捣棒在已坍落的拌和锥体侧面轻轻敲打,如果锥体逐渐下沉,表示拌合物黏聚性良好;如果锥体突然倒塌或部分崩裂或出现离析现象,表示拌合物黏聚性不好。

这种方法适用于粗骨料最大粒径不大于 40 mm,坍落度值不小于 10 mm 的塑性混凝土和流动性混凝土(坍落度值为 100 ~ 150 mm)拌合物。

2)维勃稠度试验

干硬性混凝土(坍落度 $T<10$ mm)拌合物通常采用维勃稠度仪(图 4-4)测定其维勃稠度,以 s 计。具体的测定方法如下:将坍落度筒置于维勃稠度仪上的容器内,并且固定在振动台

上;把拌制好的拌合物装满坍落度筒内,抽出坍落度筒,将维勃稠度仪上的透明圆盘转至试体顶面,使之与试体轻轻接触;开启振动台,同时用秒表计时,振动至透明圆盘底面被水泥浆布满的瞬间关闭振动台并停止计时,由秒表计时所得的时间即是该拌合物的维勃稠度值。维勃稠度值越小,表示拌合物的流动性越大。

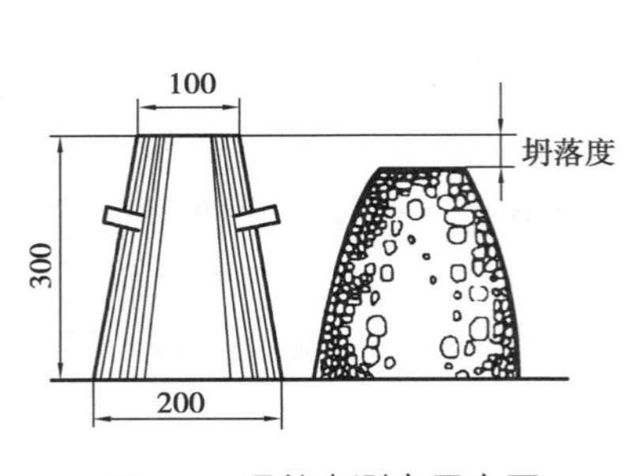

图4-3 坍落度测定示意图

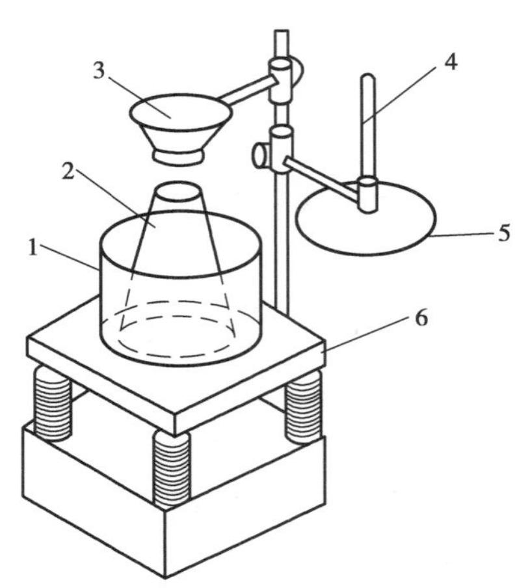

图4-4 维勃稠度仪

1—圆柱形容器;2—坍落度筒;3—漏斗;
4—测杠;5—透明圆盘;6—振动台

3. 影响混凝土拌合物和易性的主要因素

1)水泥浆数量

在水灰比不变的情况下,单位体积拌合物内,水泥浆数量越多,拌合物流动性越大。但若水泥浆数量过多,不仅水泥用量大,而且还会出现流浆的现象,使拌合物的黏聚性变差,同时会降低混凝土的耐久性和强度;若水泥浆数量过少,则水泥浆不能填满骨料空隙或不能很好地包裹骨料表面,就会出现混凝土拌合物崩塌的现象,使黏聚性变差。因此,混凝土拌合物中水泥浆的数量应以满足流动性为度,不宜过量。

2)水泥浆的稠度(水灰比)

水泥浆的稠度由水灰比决定。水灰比是指混凝土中水的用量与水泥用量之比,用“W/C”表示。在水泥用量不变时,水灰比越小,水泥浆越稠,拌制的拌合物的流动性便越小。当水灰比过小时,水泥浆干稠,制得的拌合物流动性过低,就会使施工困难,不易保证混凝土质量。增加水灰比就会增大流动性,但水灰比过大又会造成拌合物黏聚性和保水性不良,产生流浆、离析现象,降低混凝土强度。因此,水灰比的大小应根据混凝土的设计强度等级和耐久性合理选用,在施工中不得随意改变水灰比大小。

无论是水泥浆数量的多少,还是水泥浆的稀稠,实际上对混凝土拌合物流动性起决定性作用的是用水量的多少。当使用确定的材料拌制混凝土时,为使混凝土拌合物达到一定的流动性,所需的单位用水量是一个定值。所需加水量可参考《普通混凝土配合比设计规程》(JGJ 55—2011)提供的塑性混凝土用水量。需要指出的是,不能单独采用增加用水量(即改变水灰比)的办法来改善混凝土拌合物的流动性,因为现场浇筑混凝土时,向混凝土拌合物中加水,虽然增加了用水量,提高了流动性,但是将使混凝土拌合物的黏聚性和保水性降低。特别是由于水灰比增大，增加了混凝土内部的毛细孔隙的含量，降低了混凝土的强度和耐久性，并增大了混凝土的变形，造成质量事故。故现场浇灌混凝土时，必须严禁施工人员随意向混凝土拌合物中加水，而应该在保持水灰比不变的条件下用增加水泥浆数量的办法来改善拌合物的流动性。

3）砂率

砂率是指混凝土中砂的质量占砂、石总质量的百分率。在混凝土中，砂比石子的粒径要小得多，具有很大的总表面积，主要用来填充粗骨料的空隙。砂率的改变会使骨料的空隙率及总表面积有显著变化，故对拌合物的和易性有显著影响。

若砂率过大，骨料的总表面积及空隙率都会增大，在水泥浆不变的情况下，骨料表面的水泥浆层厚度会减小，水泥浆的润滑作用减弱，使拌合物的流动性差；若砂率过小，砂填充石子空隙后不能保证粗骨料间有足够的砂浆层，也会降低拌合物的流动性，而且会影响其黏聚性和保水性，因此砂率应该有一个合理值，即合理砂率。合理砂率是指水泥浆数量一定的情况下，能使混凝土拌合物的流动性（坍落度）达到最大，且黏聚性和保水性良好时的砂率；或者是在流动性（坍落度）、强度一定，黏聚性良好时，水泥用量最小的砂率。上述关系曲线如图4-5所示。

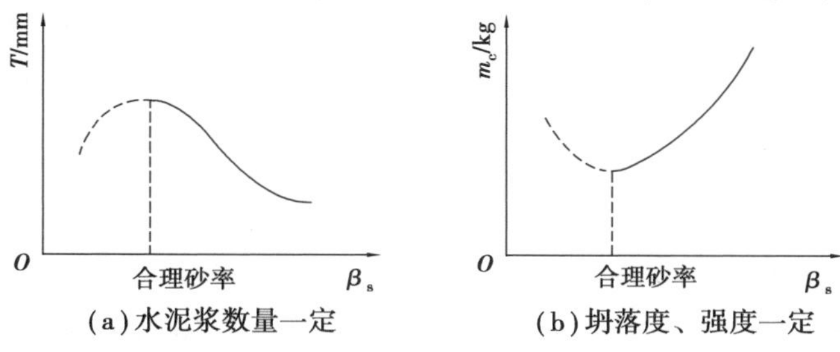

（a）水泥浆数量一定　　（b）坍落度、强度一定

图4-5　合理砂率图示

T—坍落度值；β_s—砂率；m_c—水泥用量

4）水泥品种与细度、骨料性质、外加剂

不同品种水泥，因其需水量不同，在相同配合比时，混凝土拌合物的和易性也有所不同。一般采用火山灰水泥、矿渣水泥时，拌合物的坍落度较普通水泥要小些。水泥颗粒越细，拌合物黏聚性与保水性越好。

骨料的级配、粒形及表面构造等对拌合物和易性也有很大影响。

在拌制混凝土时，加入适量的外加剂（减水剂、塑化剂等）能使混凝土拌合物在不增加水泥和水用量的情况下获得很好的和易性，使流动性显著增加，且具有较好的黏聚性和保水性。

5）环境的温度、湿度、时间和施工工艺的影响

随着环境温度的增加，混凝土拌合物的流动性下降。混凝土拌合物的流动性随时间的增长而不断降低。

运输、搅拌、振捣、浇筑等情况都会影响混凝土拌合物的流动性。

4.改善和易性的措施

（1）改善砂、石级配，在可能条件下，采用较粗的砂、石。

（2）采用合理砂率。

（3）采用粒形较圆、表面光滑的骨料（如卵石、河沙等），可提高流动性；采用颗粒表面粗

糙、棱角较多的集料(如碎石、机制砂等),可提高黏聚性。

(4)在上述基础上,当混凝土拌合物坍落度太小时,保持水灰比不变,适当增加水泥和水的用量;当坍落度太大时,保持砂率不变,适当增加砂、石用量。

(5)掺外加剂。

(二)混凝土的强度

1.混凝土抗压强度

混凝土的强度包括抗压、抗拉、抗弯等,其中以抗压强度为最大,故混凝土主要用于承受压力。抗压强度与其他强度之间有一定的关系,因此可由抗压强度的大小来估计其他强度。抗压强度是混凝土最重要的性能指标,它常作为结构设计的主要参数,也是评定混凝土质量的指标。

《混凝土物理力学性能试验方法标准》(GB/T 50081—2019)中规定,按标准成型方法制成边长为150 mm的立方体试件,在标准条件[温度(20±2)℃,相对湿度95%以上]下,养护到28 d龄期,用标准试验方法测得的极限抗压强度值为混凝土立方体试件抗压强度,简称标准立方体抗压强度。

计算混凝土抗压强度的公式为:

①标准试件(150 mm×150 mm×150 mm):

混凝土的抗压强度(MPa)=破坏荷载(N)/受压面(mm^2)。

②非标准试件(200 mm×200 mm×200 mm及100 mm×100 mm×100 mm):

混凝土的抗压强度(MPa)=折算系数×破坏荷载(N)/受压面积(mm^2)。

当采用不同尺寸最大粒径的粗骨料时,应选用不同尺寸的试件,并应将抗压强度值乘以相应的尺寸折算系数,换算成为标准强度,见表4-12。

表4-12 试件尺寸及折算系数

骨料最大粒径/mm	试件尺寸/mm	换算系数
≤31.5	100×100×100	0.95
≤40	150×150×150	1
≤63	200×200×200	1.05

混凝土立方体抗压强度标准值是指具有95%强度保证率的标准立方体抗压强度值,也就是指用标准试验方法测得的抗压强度总体分布中的一个值,强度低于该值的百分率不超过5%。

混凝土强度等级是按立方体抗压强度标准值来确定的,用符号“C”表示,分为C15、C20、C25、C30、C35、C40、C45、C50、C55、C60、C65、C70、C75、C80共14个等级。如C30表示混凝土立方体抗压强度标准值为30 MPa,即混凝土立方体抗压强度大于30 MPa的概率在95%以上。

2. 影响混凝土强度的因素

1)水泥强度等级

水泥是混凝土中的胶凝材料,水泥浆黏结骨料使混凝土成为人造石材。在相同配合比的条件下,水泥强度等级越高,水泥浆体与骨料的黏结力越大,混凝土的强度就越高。混凝土强度与水泥的强度成正比例关系。

2)水灰比

在配制混凝土时,为了使拌合物具有良好的和易性,往往要加入较多的水(水泥质量的40% ~70%),而水泥完全水化需要的结合水大约为水泥质量的23%,多余的水在混凝土硬化后,或残留于混凝土中或蒸发,使得混凝土内形成各种不同尺寸的孔隙。这些孔隙的存在减小了混凝土抵抗荷载作用的有效面积。因此,在水泥强度等级及其他条件相同的情况下,混凝土的强度主要取决于水灰比,水灰比越小混凝土的强度越大。

3)粗骨料

水泥浆体与骨料的黏结力还与骨料(特别是粗骨料,它是硬化后混凝土的骨架)的表面状况有关。碎石表面粗糙,黏结力就比较大;卵石表面光滑,黏结力就较小。因而在水泥强度等级和水灰比相同的条件下,碎石混凝土的强度往往高于卵石混凝土的强度。

根据工程实践经验,混凝土的强度与上述各因素之间保持近似恒定关系,可采用下面的强度经验公式来表示:

$$\text{混凝土 28 d 强度} = A \times \text{水泥实际强度} \times (1/\text{水灰比} - B)$$

当采用卵石时 $A=0.49$,$B=0.13$;采用碎石时 $A=0.53$,$B=0.20$。

当无法取得水泥实际强度时,水泥的实际强度 $=1.13\times$ 水泥强度等级。

利用强度经验公式,可根据水泥的强度和水灰比来估计所配制混凝土的强度,也可以根据水泥强度和要求的混凝土强度来计算应采用的水灰比。

例如:用碎石配制混凝土,采用强度等级为32.5的水泥,水灰比为0.5,则估算混凝土28 d能达到的强度为:

$0.53\times(1.13\times32.5)\times(1/0.5-0.20)=35.0$(MPa)

4)养护条件(温度和湿度)

混凝土强度的产生与发展是通过水泥的水化而实现的。周围环境的温度对水化作用的进行有显著影响:温度升高,水泥水化速度加快,混凝土强度发展也加快;温度降低,水泥水化速度降低,混凝土强度发展也相应迟缓。

周围环境的湿度对水泥水化作用能否正常进行也有显著影响:湿度适当,水泥水化便能顺利进行;若湿度不够,混凝土表面水分蒸发,内部水分将不断地向表面迁移,这样会影响水泥的正常水化,使表面干裂,内部疏松,严重影响强度和耐久性。所以,为了使混凝土正常硬化,必须在成型后的一定时间内使周围环境有一定的温度和湿度。

5)龄期

龄期是指混凝土拌和、成型后所经过的养护时间。混凝土的强度随龄期的增长而逐步提高。在正常养护条件下,强度在最初几天内发展较快,以后发展渐慢,28 d可达到设计强度,28 d以后发展缓慢,故以28 d强度来表征混凝土的抗压强度。混凝土强度的缓慢增长过程可延续数十年之久。

除上述影响混凝土强度的因素外,施工条件(搅拌与振捣)、掺入外加剂(减水剂或早强剂)等也会影响混凝土强度的发展。

3. 提高混凝土强度的措施

(1)采用高强度等级的水泥。

(2)采用水灰比较小、用水量较少的干硬性混凝土。

(3)采用级配良好的骨料及合理砂率。

(4)采用合理的机械搅拌、强力振捣。

(5)采用湿热养护。

(6)掺入减水剂、早强剂等外加剂。

(三)混凝土耐久性

在建筑工程中不仅要求混凝土要具有足够的强度来安全地承受荷载,还要求混凝土具有与环境相适应的耐久性来延长建筑物的使用寿命。

混凝土的耐久性是指混凝土在实际使用条件下抵抗各种破坏因素的作用,长期保持使用要求的强度和外观完整的能力。它是一项综合技术指标,包括抗渗性、抗冻性、抗侵蚀性、抗碳化性、抗碱集料反应、耐热性、耐酸性及耐磨性等。

1. 抗渗性

抗渗性是指混凝土抵抗压力水(或其他液体)渗透的能力。它是混凝土的一项重要性质,直接影响混凝土的抗冻性和抗侵蚀性,主要与密实度及内部孔隙的大小和构造有关。混凝土内部互相连通的孔以及成型时由于振捣不实而产生的蜂窝、孔洞都会造成混凝土渗水。因此施工中加强振捣或引入引气剂、减水剂、密实剂等都会有效地提高抗渗性。

抗渗性用抗渗等级表示。抗渗等级是以 28 d 龄期的标准试件按规定方法进行试验,以所能承受的最大水压力(单位:MPa)确定,分为 P4,P6,P8,P10,P12 共 5 个等级,它们分别表示试件出现渗水时的最大压力为 0.4,0.6,0.8,1.0,1.2 MPa。

2. 抗冻性

混凝土抗冻性是指混凝土在冻融循环作用下仍能保持足够的强度和质量要求的能力。混凝土受冻后损坏是由于其内部孔隙中水的冻结膨胀引起内部结构破坏而致,因此密实的混凝土和具有封闭孔隙的混凝土都具有较好的抗冻性能。

混凝土的抗冻性用抗冻等级表示。抗冻等级是以龄期为 28 d 的试块在吸水饱和后,承受反复冻融,以抗压强度下降不超过 25% 且质量损失不超过 5% 时所能承受的最大冻融循环次数来确定的。混凝土抗冻等级分为 F300、F250、F200、F150、F100、F50、F25、F15、F10 共 9 个等级。如 F50 表示混凝土能承受的冻融循环次数不少于 50 次。

3. 抗侵蚀性

混凝土的抗侵蚀性与所用水泥品种、混凝土的密实程度和孔隙特征有关。密实和有封闭孔的混凝土,环境水不易侵入,故其抗侵蚀性较强。

4. 抗碳化性

混凝土的碳化是指空气中的二氧化碳在潮湿的条件下与水泥的水化产物氢氧化钙发生作用,生成碳酸钙和水的过程。混凝土碳化后,碱度降低,减弱了对钢筋的保护作用,易引起钢筋的锈蚀，还会引起混凝土收缩，使表面产生裂缝而降低混凝土的耐久性。

提高混凝土抗碳化的措施有：掺入减水剂；使用硅酸盐水泥或普通水泥；减小水灰比和增加水泥用量；加强振捣、养护；在混凝土表面涂刷保护层等。

5. 碱集料反应

碱集料反应是指水泥中的碱与集料中的活性二氧化硅发生化学反应，在集料表面生成复杂的产物，这种产物吸水后，体积膨胀3倍以上，导致混凝土产生膨胀开裂而破坏。

碱集料反应是在水泥中碱含量大于0.6%，砂、石集料中含有一定活性成分且有水存在的条件下发生。

防止碱集料反应的措施有：选用低碱水泥；降低混凝土的单位水泥用量，以降低单位混凝土的含碱量；选用非活性集料；在混凝土中掺入火山灰质混合材料，以减少膨胀值；保证混凝土的密实性，重视建筑物排水，使混凝土处于干燥状态。

6. 提高混凝土耐久性的措施

(1)根据工程结构所处环境条件合理选择水泥品种。

(2)控制水灰比，保证足够水泥用量。具体参见《普通混凝土配合比设计规程》(JGJ 55—2011)提出的最大水胶比和最小胶凝材料用量的要求。

(3)掺引气剂或减水剂，提高混凝土的抗冻、抗渗性。

(4)选择质量好的砂、石。

(5)改善施工工艺，搅拌均匀、振捣密实、加强养护等。

(6)在混凝土表面涂刷保护层。

拓展与提高

混凝土的养护方法

1. 标准养护

见“混凝土强度”内容。

2. 自然养护

混凝土自然养护是指在自然气温条件下(高于+5 ℃)，对混凝土采取的覆盖、浇水润湿、挡风、保温等养护措施。

自然养护可以分为覆盖浇水养护和塑料薄膜养护两种。

(1)覆盖浇水养护：根据外界气温，一般应在混凝土浇筑完毕后3~12 h内用草帘、芦席、麻袋、锯末、湿土和湿砂等适当的材料将混凝土覆盖，并经常浇水保持湿润。

(2)塑料薄膜养护：以塑料薄膜为覆盖物使混凝土与空气相隔，水分不再被蒸发，水泥靠混凝土中的水分完成水化作用以达到凝结硬化。

3. 同条件养护

同条件养护是指混凝土试块与浇筑完后混凝土构件的养护条件等各方面相同，在同样温度、湿度环境下进行养护，作为构件的拆模、出池、出厂、吊装、张拉、放张、临时负荷和继续施工及结构验收的依据。同条件养护试件应在达到等效养护龄期时进行强度试验，等效养护龄期可取按日平均温度逐日累计达到600 ℃·d时所对应的龄期(0 ℃及以下温度不计入)；等效养护龄期不应小于14 d,也不宜大于60 d。

同条件养护试块的试验强度值是反映混凝土结构实体强度的重要指标,同条件养护试块是指混凝土试块脱模后放置在混凝土结构或构件一起,进行同温度、同湿度环境的相同养护,达到等效养护龄期时进行强度试验的试件。其试验强度是作为结构验收的重要依据。

混凝土的孔隙率、密实度和空隙率

1. 孔隙率、密实度

材料的孔隙率,是指块状材料中孔隙体积与材料在自然状态下总体积的百分比。

与材料孔隙率相对应的另一个概念是材料的密实度。密实度表示材料内被固体所填充的程度,它在量上反映了材料内部固体的含量,对于材料性质的影响正好与孔隙率的影响相反。孔隙率+密实度=1。

材料孔隙率或密实度大小直接反映材料的密实程度。材料的孔隙率高,则表示密实程度小。

2. 空隙率

散粒状材料在堆积状态下颗粒之间空隙体积与松散体积的百分比称为空隙率。

混凝土品质检测

1. 检测项目

混凝土的品质检测应从以下方面进行：

(1)对组成混凝土的各原材料进行品质检测；

(2)对混凝土拌合物和易性的检测评定；

(3)对混凝土试件的强度和耐久性检测。

2. 混凝土试件的取样方法

根据《混凝土结构工程施工质量验收规范》(GB 50204—2015)规定,用于检验混凝土强度的试件应在混凝土浇筑地点随机抽取,对同一配合比混凝土取样频率与试件留置应符合下列规定：

(1)每拌制100盘且不超过100 m^3 的同配合比的混凝土,取样不得少于一次。

(2)每工作班拌制的同一配合比的混凝土不足100盘时,取样不得少于一次。

(3)当一次连续浇筑超过1 000 m^3 时,同一配合比的混凝土每200 m^3 取样不得少于一次。

(4)每一楼层、同一配合比的混凝土,取样不得少于一次。

(5)每次取样应至少留置一组标准养护试件,同条件养护的留置组数应根据实际需要确定。

(6)对有抗渗要求的混凝土结构,其混凝土试件应在浇筑地点随机取样。同一工程、同一配合比的混凝土,取样不应少于一次,留置组数(6个抗渗试件为一组)可根据实际需要确定。

(7)用于检验混凝土强度的试件,3 个试件为一组,每组试件的拌合物应在同一盘或同一车混凝土中约 1/4 处、1/2 处和 3/4 处之间分别取样,取样时间不宜超过 15 min。

(8)试件的制作和养护方法,参见《混凝土物理力学性能试验方法标准》(GB/T 50081—2019)。每组混凝土试件强度代表值的确定,应符合下列规定:

①取 3 个试件强度的算术平均值作为每组试件的强度代表值;

②当一组试件中强度的最大值或最小值与中间值之差超过中间值的 15% 时,取中间值作为该组试件的强度代表值;

③当一组试件中强度的最大值和最小值与中间值之差均超过中间值的 15% 时,该组试件的强度不应作为评定的依据。

3. 混凝土的检测试验及结果判定

(1)混凝土拌合物的和易性检测:试验方法、步骤参见《普通混凝土拌合物性能试验方法标准》(GB/T 50080—2016)。

(2)混凝土的立方体抗压强度试验:试验方法、步骤及结果评定参见《混凝土物理力学性能试验方法标准》(GB/T 50081—2019)。

思考与练习

(一)填空题

1. 混凝土拌合物应具有良好的________性,硬化后应具有足够的________和________。

2. 塑性混凝土的流动性用________法测定,干硬性混凝土的流动性用________法测定。

3. 测定混凝土立方体抗压强度的标准试件为________ mm,若采用 5 ~ 20 mm 的石子,混凝土试件尺寸应为________ mm。

4. C40 表示________。

5. 混凝土的龄期是指________。

(二)简答题

1. 什么是混凝土的和易性?包括哪些方面?如何评定混凝土的和易性?

2. 当混凝土拌合物流动性太大或太小时,可采取什么措施进行调整?

3. 影响混凝土强度的主要因素有哪些?提高混凝土强度的主要措施有哪些?

4. 什么是混凝土耐久性?包括哪些方面?

5. 混凝土品质检测的项目有哪些?

6. 什么是混凝土的保水性?保水性差对混凝土的质量有何影响?

7. 影响混凝土拌合物和易性的因素有哪些？改善混凝土拌合物和易性的措施有哪些？

8. 为什么不能仅采用增加用水量的方式来提高混凝土拌合物的流动性？

9. 什么是砂率？什么是合理砂率？选择合理砂率的主要目的是什么？

10. 什么是混凝土的立方体抗压强度标准值？混凝土的强度等级是根据什么来划分的？分别写出混凝土的14个强度等级。

11. 什么是混凝土试件的标准养护、自然养护、同条件养护？

12. 若采用碎石和42.5级的水泥配制C35混凝土，应采用多大的水灰比？

任务四 掌握混凝土配合比换算

任务描述与分析

本任务主要学习混凝土实验室配合比与施工配合比的换算。通过本任务的学习，要求学生了解混凝土配合比的概念，能够独立进行施工配合比的换算。

知识与技能

混凝土的配合比是指混凝土中各组成材料数量之间的比例关系。

混凝土配合比常用的表示方法有两种：

一种是以1 m^3 混凝土中各组成材料的质量来表示。例如，1 m^3 混凝土中各种材料的质量为：水泥310 kg、水155 kg、砂750 kg、石子1 500 kg。

另一种是以混凝土各项材料的质量比来表示(以水泥质量为1)。例如，水泥∶砂∶石子∶水 =1∶2.4∶3.6∶0.5；或者表述为：水泥∶砂∶石子 =1∶2.4∶3.6，W/C =0.5。

(一)实验室配合比和施工配合比

实验室配合比(也称设计配合比)是在实验室以干燥砂石为准，经计算、试配、调整而确定的各种材料用量之比，其中砂、石用量是干砂、干石子的用量。设计配合比应满足强度、耐久性、经济性的要求。一般采用三组以上的配合比进行试验，通过实测强度、耐久性后，选择满足要求的一组作为实验室配合比。

现场材料的实际称量应按工地砂、石的含水情况进行修正，按现场砂、石的含水情况进行修正后的配合比，称为施工配合比。

(二)施工配合比的换算

由于工地堆放砂、石含水情况有变化，所以在施工过程中应经常测定砂、石含水率，并按含水率情况作必要修正。含水率是指材料在所处环境中其含水的质量占材料干燥质量的百分数，可用下式计算：

$$W_{含} = (m_{湿} - m_{干})/m_{干} \times 100\%$$
$$= m_{水}/m_{干} \times 100\%$$

(三)普通混凝土配合比换算实例

根据现场砂、石的实测含水率，计算出 1 m^3 混凝土中各种材料的实际用量。

若实验室配合比为：

水泥：砂：石子：水 $= m_c : m_s : m_g : m_w = 1 : X : Y : W$

测得现场砂、石的实际含水率分别为 $a\%$ 和 $b\%$，则施工配合比为：

水泥：砂：石子：水 $= m'_c : m'_s : m'_g : m'_w$

$$= 1 : (X + X\,a\%) : (Y + Y\,b\%) : (W - X\,a\% - Y\,b\%)$$
$$= 1 : X(1 + a\%) : Y(1 + b\%) : (W - X\,a\% - Y\,b\%)$$

式中　$X\,a\%$——砂中含水率为 $a\%$ 时含有的水的质量；

$Y\,b\%$——石子中含水率为 $b\%$ 时含有的水的质量。

【例题】

1. 某钢筋混凝土梁所用混凝土的实验室配合比 1∶1.92∶3.56∶0.53，1 m^3 混凝土中水泥用量为 350 kg，测得现场砂、石的含水率分别为 3% 和 1%，该混凝土的施工配合比应为多少？1 m^3 混凝土各种材料的实际用量分别为多少？

【解】该混凝土的施工配合比应为：

水泥：砂：石子：水 $= 1 : 1.92 \times (1 + 3\%) : 3.56 \times (1 + 1\%) : (0.53 - 1.92 \times 3\% - 3.56 \times 1\%)$

$$= 1 : 1.98 : 3.60 : 0.44$$

1 m^3 混凝土各种材料的实际用量为：

水泥 = 350 kg

砂 = 350 kg × 1.98 = 693 kg

石子 = 350 kg × 3.60 = 1 260 kg

水 = 350 kg × 0.44 = 154 kg

2. 某混凝土拌和时，每 100 kg 水泥，需要加干砂 210 kg，干石子 460 kg，水 55 kg。测得现场砂、石含水率分别为 5% 和 1%，为保证混凝土强度，求每次实际加砂、石、水各多少？该混凝土的设计配合比、施工配合比各为多少？

【解】每次实际加砂、石、水分别为：

$m'_s = 210 \times (1 + 5\%) = 221$ kg

$m'_g = 460 \times (1 + 1\%) = 465$ kg

$m'_w = 55 - 210 \times 5\% - 460 \times 1\% = 40$ kg

该混凝土设计配合比为：

$$m_c : m_s : m_g : m_w = 100 : 210 : 460 : 55$$
$$= 1 : 2.10 : 4.60 : 0.55$$

施工配合比为：

$$m_c':m_s':m_g':m_w' = 100:221:465:40$$
$$= 1:2.21:4.65:0.40$$

拓展与提高

混凝土的配合比设计

混凝土的配合比设计就是确定1 m^3 混凝土中各种材料的用量，并保证按此用量拌制出的混凝土能够满足工程所需的各项性能要求。

混凝土的配合比设计大致可分为初步设计配合比、基准配合比、实验室配合比、施工配合比4个设计阶段，详见《普通混凝土配合比设计规程》（JGJ 55—2011）。

思考与练习

1. 某混凝土设计配合比为1:1.98:3.45:0.45，当配制1 m^3 混凝土时水泥用量为320 kg，测得现场砂、石子的含水率分别为3%和1%，该混凝土的施工配合比为多少？配制1 m^3 该混凝土时，其他材料的实际用量为多少？

2. 已知混凝土经试拌调整后，各种材料用量为：水泥3.10 kg，水1.86 kg，砂6.24 kg，碎石12.8 kg，并测得拌合物的表观密度为2 500 kg/m^3。试计算：

（1）每立方米混凝土各种材料的用量为多少？

（2）若工地现场砂含水率为2.5%，石子含水率为0.5%，则施工配合比为多少？

任务五　其他混凝土

任务描述与分析

本任务简单地介绍了轻骨料混凝土、特细砂混凝土、多孔混凝土、防水混凝土、自密实混凝土、大体积混凝土及高性能混凝土。通过本任务的学习，要求学生能了解这几种混凝土的概念、特性，能进行简单的应用。

知识与技能

随着建筑材料的不断发展更新，混凝土朝着高强、轻质、耐久、抗磨损、抗冻融、抗渗、抗灾、抗爆、易于施工等方向迅速发展。目前，新型外加剂和胶凝材料的出现，使原本已有良好工作性能的混凝土又增加了优异的力学性能和耐久性能。

（一）轻骨料混凝土

凡是由轻粗骨料、轻细骨料（或普通砂）、水和水泥配制成的混凝土，其表观密度不大于 1 950 kg/m^3 的即称为轻骨料混凝土。轻骨料混凝土具有表观密度小、保温及隔热好、吸声、抗震性能好等特点，是一种良好的保温（或结构兼保温）材料。

（二）特细砂混凝土

凡以细度模数在 1.6 以下或平均粒径在 0.25 mm 以下的砂配制的混凝土，统称为特细砂混凝土。特细砂混凝土在我国长江、黄河、嘉陵江、松花江等流域应用较多。用于配制混凝土的特细砂，要满足《建设用砂》（GB/T 14684—2011）的要求。

过去，一般认为这类砂不适宜配制混凝土，或只能配制低强度等级混凝土，使砂资源的利用受到很大限制。近年来，我国使用特细砂配制混凝土的地区逐渐增多，技术不断提高，重庆市还专门制定了重庆市地方标准《特细砂混凝土应用技术标准》（DBJ 50/T-287—2018）。

特细砂混凝土的特点如下：

1）低砂率

实践证明，采用低砂率是配制特细砂混凝土的关键，由于特细砂总表面积和空隙率都比普通砂大，因而包裹砂表面和填充砂空隙所用的水泥浆也多，混凝土收缩性随之增大，只有适当减少其砂率才能消除上述不利情况。配制特细砂混凝土的砂率应按如下要求：当粗骨料用碎石时，砂率应控制在 15% ~30%；当粗骨料用卵石时，砂率应控制在 14% ~25%。

2）低流动性

特细砂混凝土要求低流动性，这是因为特细砂混凝土拌合物中砂浆量少，若增加流动性，拌合物中就得多用水泥砂浆或提高水灰比、水泥强度等级，这是不经济的，因此要求低流动性。采用坍落度法测定特细砂混凝土拌合物的流动性，其坍落度值不宜大于 30 mm。因此，特细砂混凝土的流动性更适合用维勃稠度法进行测定，维勃稠度值不宜大于 30 s。

3）特细砂混凝土施工

特细砂混凝土黏性大，不易拌和均匀，宜采用机械搅拌和振捣，拌和时间应比普通混凝土延长 1 ~2 min。构件成形后，进行二次抹面以提高混凝土表面密实度。同时，应及时采取措施对成形混凝土进行早期养护，养护时间也应比普通混凝土适当延长，以减少混凝土的干燥收缩。

（三）多孔混凝土

多孔混凝土中无粗、细骨料，内部充满大量细小封闭的孔，孔隙率高达 60% 以上。多孔混凝土可分为加气混凝土和泡沫混凝土两种。近年来，也有用压缩空气经过充气介质弥散成大量微气泡，均匀地分散在料浆中而形成多孔结构，这种多孔混凝土称为充气混凝土。

根据养护方法不同，多孔混凝土可分为蒸压多孔混凝土和非蒸压（蒸养或自然养护）多孔混凝土两种。由于蒸压加气混凝土在生产和制品性能上有较大优越性，并可以大量利用工业废渣，故近年来发展应用较为迅速。

多孔混凝土质轻，其表观密度不超过 1 000 kg/m^3，通常为 300 ~ 800 kg/m^3；保温性能优良，导热系数随其表观密度降低而减小，一般为 0.09 ~0.17 W/（m · K）；可加工性好，可锯、可刨、可钉、可钻，并可用胶黏剂黏结。

（四）防水混凝土

防水混凝土也称为抗渗混凝土，是指具有较高抗渗能力的混凝土。防水混凝土主要是在普通混凝土的基础上通过调整配合比、改善骨料级配、选择合理水泥品种及掺入合适品种外加剂等方法，来改善混凝土自身的密实性，从而达到防水抗渗的目的。目前常用的防水混凝土有普通防水混凝土和外加剂防水混凝土两种。

（五）自密实混凝土

自密实混凝土是指在自身重力作用下，能够流动、密实，即使存在致密钢筋也能完全填充模板，同时获得很好的均质性，并且无须附加振动的混凝土。

因其具有众多优点，自密实混凝土被称为近几十年混凝土建筑技术最具革命性的发展：

（1）能够保证混凝土良好的密实性。

（2）能够提高生产效率。由于不需要振捣，混凝土浇筑需要的时间大幅度缩短，工人劳动强度大幅度降低，需要工人数量减少。

（3）能够改善工作环境和安全性。施工中没有振捣噪声，避免工人因长时间手持振动器而导致的手臂振动综合征。

（4）能够改善混凝土的表面质量。不会出现表面气泡或蜂窝麻面，不需要进行表面修补；能够逼真呈现模板表面的纹理或造型。

(5)增加了结构设计的自由度。由于不需要振捣,可以浇筑成形状复杂、薄壁和密集配筋的结构。以前这类结构往往因为混凝土浇筑施工的困难而限制采用。

(6)避免了振捣对模板产生的磨损。

(7)减少混凝土对搅拌机的磨损。

(8)能够降低工程整体造价。从提高施工速度、环境对噪声限制、减少人工和保证质量等诸多方面降低成本。

(六)大体积混凝土

我国《大体积混凝土施工规范》(GB 50496—2009)中规定:混凝土结构物实体最小几何尺寸不小于1 m的大体量混凝土,或预计会因混凝土中胶凝材料水化引起的温度变化和收缩而导致有害裂缝产生的混凝土,称之为大体积混凝土。

现代建筑中时常涉及大体积混凝土施工,如高层楼房基础、大型设备基础、水利大坝等。它主要的特点就是体积大,一般实体最小尺寸大于或等于1 m。它的表面系数比较小,水泥水化热释放比较集中,内部升温比较快。混凝土内外温差较大时,会使混凝土产生温度裂缝,影响结构安全和正常使用。所以工程中必须从根本上分析它,以保证施工的质量。

拓展与提高

高性能混凝土

高性能混凝土是近几年提出的一个全新的概念。目前各个国家对高性能混凝土还没有统一的定义,但其基本含义是指具有良好的工作性、较高的抗压强度、较高的体积稳定性和良好耐久性的混凝土。

高性能混凝土既是流态混凝土(坍落度大于200 mm),也是高强度混凝土(强度等级不小于C60)。因为流态混凝土具有大流动性,混凝土拌合物不离析,施工方便;高强度混凝土的强度高、耐久性好、变形小。高性能混凝土兼具了两种类型混凝土的优点。

高性能混凝土是水泥混凝土的发展方向之一,广泛应用于高层建筑、工业厂房、桥梁建筑、港口及海油工程等工程中。

思考与练习

(一)填空题

1. 表观密度不大于________的混凝土称为轻骨料混凝土。
2. 防水混凝土是指具有较高________的混凝土。

(二)简答题

1. 高性能混凝土具有哪些特点?

2. 自密实混凝土的优点有哪些?

3. 简述特细砂混凝土的定义及其特点。

考核与鉴定四

(一)单项选择题

1. 混凝土按强度等级分为普通、高强、超高强混凝土,高强混凝土强度是(　　)。

A. C30 以下　B. C30 ~ C55　C. C65 ~ C100　D. C100 及以上

2. 高温车间及烟囱基础的混凝土应优先选用(　　)。

A. 普通水泥　B. 粉煤灰水泥　C. 矿渣水泥　D. 火山灰水泥

3. 要提高混凝土的早期强度,可掺用的外加剂是(　　)。

A. 早强型减水剂或早强剂　B. 缓凝剂

C. 引气剂　D. 速凝剂

4. 粗骨料中凡颗粒厚度小于平均粒径 40% 的即为(　　)颗粒。

A. 针状颗粒　B. 片状颗粒　C. 单一颗粒　D. 连续颗粒

5. 两种砂子的细度模数 M_x 相同时,则它们的级配(　　)。

A. 一定相同　B. 一定不同　C. 不一定相同　D. 以上都不对

6. 配制预应力混凝土应选用的水为(　　)。

A. 符合饮用水标准的水　B. 地表水

C. 地下水　D. 海水

7. 配制混凝土时宜优先选用(　　)。

A. 粗砂　　B. 中砂　　C. 细砂　　D. 特细砂

8. 测定混凝土立方体抗压强度的标准试件尺寸为(　　)

A. 100 mm×100 mm×100 mm　　B. 150 mm×150 mm×150 mm

C. 200 mm×200 mm×200 mm　　D. 250 mm×250 mm×250 mm

9. 在水泥用量不变时,水灰比越小,水泥浆越稠,拌制的拌合物的流动性(　　)。

A. 越小　　B. 越大　　C. 越稀　　D. 越稠

10. 选择混凝土骨料时,应使其(　　)。

A. 总表面积大,空隙率大　　B. 总表面积小,空隙率大

C. 总表面积小,空隙率小　　D. 总表面积大,空隙率小

11. 混凝土施工质量验收规范规定,粗骨料的最大粒径不得大于钢筋最小间距的(　　)。

A. 1/2　　B. 1/3　　C. 3/4　　D. 1/4

12. 普通混凝土立方体强度测试,采用 100 mm×100 mm×100 mm 的试件,其强度换算系数为(　　)。

A. 0.90　　B. 0.95　　C. 1.05　　D. 1.00

13. 用卵石配制混凝土,采用 32.5 级的水泥、0.45 的水灰比,则该混凝土 28 d 能达到的强度为(　　) MPa。

A. 37.7　　B. 38.5　　C. 40　　D. 41.2

14. 某混凝土试件尺寸为 100 mm×100 mm×100 mm,测得其抗压破坏荷载为 500 kN,则其立方体抗压强度为(　　) MPa。

A. 47.5　　B. 50.0　　C. 52.5　　D. 54.0

15. 某混凝土的实验室配合比为(水泥∶砂∶石)1∶1.90∶3.80,水灰比为 0.54,1 m^3 混凝土水泥用量为 350 kg,测得现场砂、石的含水率分别为 5% 和 1%。

(1)每拌制 1 m^3 混凝土,砂的实际用量(　　)。

A. 680 kg　　B. 698 kg　　C. 701 kg　　D. 710 kg

(2)每拌制 1 m^3 混凝土时水的实际用量(　　)。

A. 139 kg　　B. 144 kg　　C. 151 kg　　D. 169 kg

(二)多项选择题

1. 下列属于普通混凝土优点的是(　　)。

A. 资源丰富,价格低廉　　B. 强度高,耐久性好

C. 可塑性好,易浇筑成型　　D. 自重小,比强度高

2. 混凝土中水泥的品种是根据(　　)来选择的。

A. 施工要求的和易性　　B. 粗骨料的种类

C. 工程的特点　　D. 工程所处的环境

3. 拌制混凝土时,应同时考虑砂的(　　)。

A. 粗细程度　　B. 颗粒级配　　C. 有害物质　　D. 颗粒形状

4. 掺引气剂的主要目的是提高混凝土的(　　)。

A. 和易性　　B. 抗渗性

C. 抗冻性　　D. 抗化学侵蚀能力

5. 以下属于混凝土的耐久性的是(　　)。

A. 抗冻性　　B. 抗渗性　　C. 和易性　　D. 抗腐蚀性

6. 混凝土拌合物的和易性包括(　　)。

A. 流动性　　B. 黏聚性　　C. 保水性　　D. 泌水性

7. 下列关于混凝土强度影响因素的说法中,正确的是(　　)。

A. 在相同 W/C 条件下,水泥的强度越高,混凝土的强度越高

B. 在水泥强度相同的条件下,W/C 越高,混凝土的强度越高

C. 在水泥强度相同的条件下,W/C 越小,混凝土的强度越高

D. 在相同的水泥、相同的 W/C 条件下,碎石配制的混凝土较卵石高

8. 下列属于提高混凝土强度措施的有(　　)。

A. 采用高强度等级水泥或早强型水泥　　B. 采用低水灰比的干硬性混凝土

C. 采用机械搅拌和振捣　　D. 掺引气剂

9. 在混凝土拌合物中,如果水灰比过大,会造成(　　)。

A. 拌合物的黏聚性和保水性不良　　B. 产生流浆

C. 有离析现象　　D. 严重影响混凝土的强度

10. 合格的混凝土必须满足(　　)等要求。

A. 强度　　B. 和易性　　C. 经济性　　D. 耐久性

11. 影响混凝土拌合物和易性的因素有(　　)。

A. 用水量　　B. 水泥浆用量　　C. 砂率　　D. 以上三者均有

12. 关于砂率对混凝土和易性的影响,下列说法不正确的是(　　)。

A. 砂率过小,混凝土的流动性变差、黏聚性和保水性也差

B. 砂率过小,混凝土的流动性变差、黏聚性和保水性变好

C. 砂率过大,混凝土的流动性变差、黏聚性和保水性也差

D. 砂率过大,混凝土的流动性变好、黏聚性和保水性均好

13. 下列属于改善混凝土和易性措施的是(　　)。

A. 选用适当的水泥品种和强度等级　　B. 选用粗细适宜级配良好的骨料

C. 掺用减水剂、引气剂等外加剂　　D. 采用强制式搅拌机进行拌和

(三)判断题

1. 粗骨料的颗粒级配分为连续级配和单粒级配两种。(　　)

2. 粒径在 0.15 ~ 8 mm 的骨料称为细骨料。(　　)

3. 配制混凝土应优先选用粗砂和连续级配的石子。(　　)

4. 细度模数越大,表示砂越细。(　　)

5. 石子的压碎指标越小,说明石子越坚固。(　　)

6. 针状、片状颗粒易折断,其含量较多时会降低拌合物的流动性和硬化后混凝土的强度。(　　)

7. 在一般情况下,混凝土强度随时间增长。(　　)

8. 混凝土立方体试块的尺寸越大,强度越高。(　　)

9. 混凝土拌合物水泥浆越多和易性就越好。(　　)

10. 级配好的骨料空隙率小,其总表面积也小。（　　）
11. 相同质量下,砂率越大,骨料的总表面积越大。（　　）
12. 将设计配合比换算成施工配合比后每种材料(水泥除外)的质量都改变了。（　　）

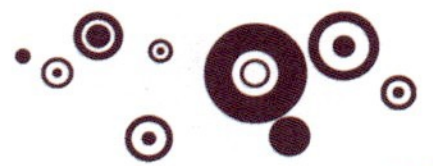

模块五　建筑砂浆

建筑砂浆区别于混凝土之处在于其不含粗骨料，因此砂浆又称细骨料混凝土。有关混凝土的一些基本理论，如凝结硬化机理、强度发展规律、耐久性影响因素等，原则上也适用于砂浆。但由于砂浆在工程中使用要求、使用环境和状态都与混凝土有很大差别，因此学习砂浆的有关知识，应在掌握混凝土有关知识的基础上，进一步掌握砂浆的性能特点和应用特点。

本模块学习任务共三个，即了解建筑砂浆定义与分类、掌握建筑砂浆的主要技术性能、学会选用建筑砂浆。

学习目标

(一)知识目标

1. 能理解建筑砂浆的定义与分类；
2. 能掌握建筑砂浆的性能；
3. 能掌握砌筑砂浆和抹面砂浆的作用和特性。

(二)技能目标

1. 能区分砂浆与混凝土的和易性；
2. 能区分不吸水基层砂浆与吸水基层砂浆强度的影响因素；
3. 能根据具体工程环境独立选用砂浆；
4. 能对砂浆进行抽样送检。

(三)职业素养要求

1. 养成良好的思想道德品质，热爱祖国，遵纪守法，爱岗敬业，团结协作；
2. 具有良好的职业道德，能自觉遵守行业法规；
3. 具有获取信息、学习新知识的能力。

任务一　了解建筑砂浆的定义与分类

任务描述与分析

本任务主要学习建筑砂浆的定义及分类。通过本任务的学习要求学生了解建筑砂浆的定义、掌握建筑砂浆的分类方法及按不同方法进行分类时各种砂浆的具体定义及材料组成，同时本任务也是为任务二、任务三的学习打下理论基础。

知识与技能

（一）建筑砂浆的定义

建筑砂浆简称砂浆，是由胶凝材料、细骨料、掺合料、水、外加剂按适当比例配合、拌制并经硬化而成的材料。

建筑砂浆常用于砌体结构（如砖、石、砌块等）的砌筑，建筑物内外表面（如墙面、地面、顶棚等）的抹面，大理石、陶瓷墙地砖等各类装饰板材的镶贴，大型墙板、砖石墙的勾缝，以及装饰材料的黏结等。

（二）建筑砂浆的分类

1. 按用途划分

（1）砌筑砂浆：用于砌筑砖、石、砌块等块材的砂浆。

（2）抹面砂浆：又称抹灰砂浆，是指涂抹在基底材料表面的砂浆。

（3）特种砂浆：具有各种特殊功能的砂浆，如装饰砂浆、防水砂浆、吸声砂浆等。

2. 按胶凝材料划分

（1）水泥砂浆：由水泥、砂和水组成。

（2）石灰砂浆：由石灰、砂和水组成。

（3）水泥石灰混合砂浆：简称混合砂浆，由水泥、石灰、砂和水组成。

3. 按施工方法划分

（1）现场配制砂浆：由水泥、砂和水，以及根据需要加入的石灰、活性掺合料或外加剂在现场配制而成的砂浆。

（2）预拌砂浆：专业生产厂生产的湿拌砂浆或干混砂浆。

拓展与提高

砂浆的基本组成材料

1. 胶凝材料

砂浆常用的胶凝材料有水泥、石灰等。砂浆应根据所使用的环境和部位来合理选择胶凝材料的种类。如处于潮湿环境中的砂浆只能选用水泥作为胶凝材料，而处于干燥环境中的砂浆可选用水泥或石灰作为胶凝材料。砌筑砂浆所用水泥强度等级一般为砂浆强度等级的4～5倍，水泥砂浆采用的水泥强度等级不宜超过42.5级，如果水泥强度等级过高，可添加混合材料。

2. 细骨料(砂)

建筑砂浆用砂应符合混凝土用砂的技术要求。此外，由于砂浆较薄，对砂的最大粒径应有所限制。面层抹面砂浆及勾缝砂浆的砂宜选用细砂。

3. 水

对水质的要求与混凝土相同(此处不重复介绍)。

4. 掺合料

砂浆中的掺合料可以改善砂浆和易性，节约水泥，降低成本。常用的掺合料有石灰、粉煤灰等。为了保证质量，生石灰应充分熟化后，再掺入砂浆中。

思考与练习

(一)填空题

建筑砂浆和混凝土在组成上的差别仅在于是否含有________。

(二)简答题

1. 什么是建筑砂浆？它是由哪些材料组成的？

2. 按胶凝材料划分，建筑砂浆可分为哪几种？

任务二　掌握建筑砂浆的主要技术性质

任务描述与分析

本任务主要学习新拌砂浆的和易性、硬化后砂浆的强度及砂浆的抽样送检。学生应在了解建筑砂浆的定义及材料组成的基础上进行学习。通过本任务的学习，要求学生能够掌握砂浆主要技术性质，同时能够独立进行新拌砂浆和易性检测及砂浆的抽样送检。

知识与技能

(一)新拌砂浆的和易性

砂浆的和易性是指新拌砂浆是否易于施工并能保证质量的综合性质。和易性好的砂浆能比较容易地铺成均匀的薄层，并且能很好地与各层黏结。砂浆的和易性包括流动性和保水性两个方面。

1. 流动性

砂浆的流动性是指在自重或外力作用下流动的性质，也称稠度。砂浆稠度的大小用沉入度(单位：mm)表示，用砂浆稠度仪测定(图5-1)。沉入度即在规定时间内标准圆锥体在砂浆中沉入的深度。沉入度越大，砂浆稠度越大、流动性越好。

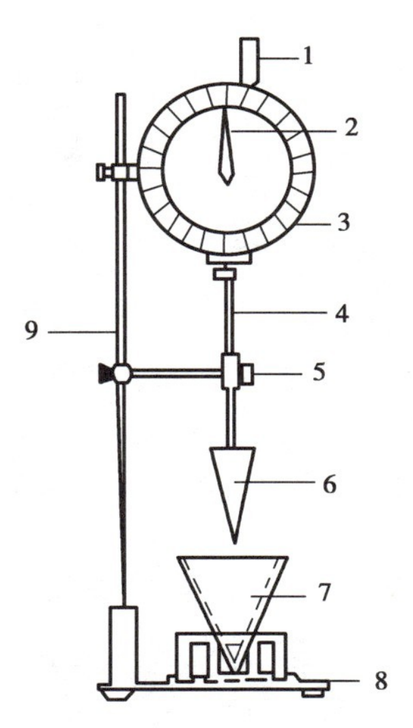

图5-1　砂浆稠度测定仪

1—齿条测杆;2—指针;
3—刻度盘;4—滑杆;
5—制动螺钉;6—试锥;
7—盛浆容器;8—底座;
9—支架

砂浆稠度测定的具体操作流程如下：

(1)应先采用少量润滑油轻擦滑杆，再将滑杆上多余的油用吸油纸擦净，使滑杆能自由滑动。

(2)采用湿布擦净盛浆容器和试锥表面，再将砂浆拌合物一次装入盛浆容器;砂浆表面宜低于容器口10 mm，用捣棒自容器中心向边缘均匀地插捣25次，然后轻轻地将盛浆容器摇动或敲击5～6下，使砂浆表面平整，随后将容器置于稠度测定仪的底座上。

(3)拧开制动螺钉，向下移动滑杆，当试锥尖端与砂浆表面刚接触时，应拧紧制动螺钉，使齿条测杆下端刚接触滑杆上端，并将指针对准零点上。

(4)拧开制动螺钉，同时计时，10 s时立即拧紧螺钉，将齿条测杆下端接触滑杆上端，从刻度盘上读出下沉深度(精确至1 mm)，即为砂浆的稠度值。

(5)盛浆容器内的砂浆只允许测定一次稠度，重复测定时应重新取样测定。

砂浆稠度的选择应根据砌体材料的种类、施工条件、气候条件等因素来决定。对于吸水性强的砌体材料和高温干燥天气，砂浆稠度要大些；对于密实不吸水的材料和湿冷天气，砂浆稠度可小些。

影响砂浆稠度的因素有：胶凝材料的种类及用量；掺合料的种类及掺量；砂浆的种类、粗细及级配；外加剂的种类及掺量；拌和用水量；搅拌时间。

2. 保水性

砂浆的保水性是指砂浆能够保持水分不易泌出的能力，也指砂浆中各组成材料不易分层离析的性质。砂浆的保水性用分层度（单位：mm）表示。分层度用砂浆分层度测定仪测定，如图 5-2 所示。

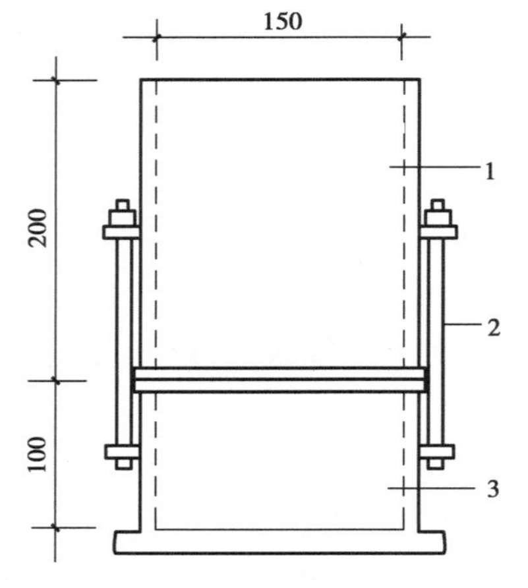

图 5-2　砂浆分层度测定仪（单位：mm）

1—无底圆筒；2—连接螺栓；3—有底圆筒

砂浆的分层度测定仪主要用于测定在运输及停放时砂浆拌合物的保水能力，即砂浆内部各组分的稳定性。具体操作流程如下：

（1）按照测定砂浆稠度的方法测出砂浆稠度值。

（2）将砂浆拌合物一次装入分层度筒内，待装满后，用木锤在分层度筒周围距离大致相等的 4 个不同部位轻轻敲击 1 ~ 2 下，当砂浆沉落到低于筒口时，应随时添加，然后刮去多余的砂浆并用抹刀抹平。

（3）静置 30 min 后去掉上部 200 mm 的砂浆，然后将剩余 100 mm 砂浆倒在拌和锅内搅拌2 min，测出稠度。前后两次测得的稠度之差即为该砂浆的分层度值，用 mm 表示。

分层度越大，砂浆的保水性越差，在运输和使用过程中会发生泌水、水泥浆流出现象，使砂浆的流动性下降，难以铺成均匀、密实的砂浆薄层，并且水分、水泥浆流失会影响胶凝材料的凝结硬化，造成砂浆强度和黏结力下降，因此在工程中应选用保水性良好的砂浆，以保证工程质量。砂浆的分层度一般以 10 ~ 20 mm 为宜，水泥砂浆的分层度不宜超过 30 mm，水泥石灰砂浆的分层度不宜超过 20 mm。若分层度过小，砂浆虽然保水性好，但硬化后容易产生干缩裂缝。

（二）砂浆的强度

砂浆的强度通常指立方体抗压强度，是指将砂浆制成边长为 70.7 mm 的立方体试件，一组 3 块，在标准条件下养护 28 d，用标准试验方法测得的抗压强度（单位：MPa）平均值。根据砂浆的抗压强度（参照 JGJ/T 98—2010），将水泥砂浆及预拌砂浆划分为 M5.0、M7.5、M10、M15、M20、M25、M30 共 7 个强度等级，如 M10 表示砂浆的立方体抗压强度标准值为 10 MPa；水泥混合砂浆分为 M5.0、M7.5、M10、M15 共 4 个强度等级。

砂浆的强度除与砂浆本身的组成材料和配合比有关外，还与基层材料的吸水性有关。

1. 不吸水基层(如致密石材)

当基层为不吸水材料时,影响砂浆强度的因素与普通混凝土相似,主要为水泥强度等级和水灰比。

2. 吸水基层(如砖和其他多孔材料)

当基层为吸水材料时,砂浆中多余的水分被基层吸收。砂浆水分的多少取决于砂浆的保水性,与砂浆初始水灰比关系不大。因此,砂浆强度主要与水泥用量和水泥强度等级有关,与水灰比关系不大。

(三)砂浆的黏结力

砂浆的黏结力是指砂浆与基层材料之间的黏结强度。砂浆的黏结力影响砌体的强度、耐久性、稳定性、抗震性等,与工程质量密切相关。一般砂浆的抗压强度越高,黏结力越大。此外,砂浆的黏结力还与基层材料的表面状态、润湿情况、清洁程度及施工养护条件等有关。在粗糙的、润湿的、清洁的基层上使用养护良好的砂浆,则砂浆与基层的黏结力较好。因此,砌筑墙体前应将块材表面清理干净,并浇水润湿,必要时要凿毛。砌筑后要加强养护,以提高砂浆与块材间的黏结强度。

拓展与提高

砂浆的抽样送检

1. 取样方法

(1)建筑砂浆取样应在搅拌机出料口随机取样,制作砂浆试块(同一盘砂浆只应制作一组试块)。

(2)每一检验批且不超过250 m^3 砌体的各种类型及强度等级的砌筑砂浆,每台搅拌机应至少抽检一次。

2. 检验方法

砌筑砂浆的强度试验方法、步骤参见《建筑砂浆基本性能试验方法标准》(JGJ/T 70—2009)。

3. 评定标准

砌筑砂浆试块强度验收时,其强度合格标准应符合下列规定:

(1)砌筑砂浆的验收批,同一类型、强度等级的砂浆试块不应少于3组(每组3个试块);同一验收批砂浆只有1组或2组试块时,每组试块抗压强度平均值应大于或等于设计强度等级的1.10倍。

(2)同一验收批砂浆试块的强度平均值应大于或等于设计强度等级值的1.10倍,同一验收批砂浆试块抗压强度的最小一组平均值应大于或等于设计强度等级的0.85倍。

思考与练习

(一)填空题

1. 新拌砂浆的和易性包括________和________,分别用________和________表示。
2. 用于吸水基层,砂浆的强度主要取决于________和________,而与________关系不大。

(二)简答题

1. 什么是砂浆的强度?影响砂浆强度的因素有哪些?

2. 砂浆强度试件与混凝土强度试件有何不同?

任务三 建筑砂浆的选用

任务描述与分析

本任务主要学习在具体工程环境下砌筑砂浆及抹面砂浆的选用。学生应在掌握本模块中任务一、二知识的基础上进行学习。通过本任务的学习,要求学生能够根据具体工程环境,正确合理地选用建筑砂浆。

知识与技能

(一)砌筑砂浆的选用

砌筑砂浆起着黏结、衬垫和传递荷载的作用,同时还起着填实块材缝隙,提高砌体绝热、隔声等性能的作用,是砌体的重要组成部分,砌筑砂浆应具有良好的和易性和一定的强度,使用时应进行配合比设计来保证工程质量。选用时首先应根据具体工程环境合理选择砂浆品种。

水泥砂浆的和易性较差,但强度较高,适用于潮湿环境、水中及要求砂浆强度等级较高的工程。

石灰砂浆的和易性较好,但强度低,又由于石灰是气硬性胶凝材料,故石灰砂浆不宜用于潮湿的环境和水中。石灰砂浆一般用于地面上强度要求不高的底层建筑或临时性建筑。

水泥石灰混合砂浆的和易性、强度、耐久性介于水泥砂浆和石灰砂浆之间，一般用于地面以上的工程。

此外，根据《砌筑砂浆配合比设计规程》(JGJ/T 98—2010)中的规定，砌筑砂浆的选用还应满足以下技术要求：

(1)砌筑砂浆的强度等级宜采用 M30、M25、M20、M15、M10、M7.5、M5 等。

(2)水泥砂浆拌合物的密度不宜小于 1 900 kg/m^3，水泥混合砂浆拌合物的密度不宜小于 1 800 kg/m^3。

(3)砌筑砂浆稠度、保水率、试配抗压强度必须同时符合要求，砌筑砂浆的稠度应按表 5-1 中的规定选用。砌筑砂浆的分层度不得大于 30 mm。

表 5-1　砌筑砂浆的施工稠度(JGJ/T 98—2010)

砌体种类	施工稠度/mm
烧结普通砖砌体、粉煤灰砖砌体	70～90
混凝土砖砌体、普通混凝土小型空心砌块砌体、灰砂砖砌体	50～70
烧结多孔砖砌体、烧结空心砖砌体、轻骨料混凝土小型空心砌块砌体、蒸压加气混凝土砌块砌体	60～80
石砌体	30～50

(4)水泥砂浆中水泥用量不应小于 200 kg/m^3。水泥混合砂浆中水泥和拌合料总量宜为 300～350 kg/m^3。

(5)有抗冻性要求的砌体工程，砂浆应进行冻融试验。质量损失率不得大于 5%，抗压强度损失率不得大于 25%，且当设计对抗冻性有明确要求时，尚应符合设计规定。

(二)抹面砂浆的选用

抹面砂浆在建筑物表面起平整、保护、光洁和美观(或装饰)作用，与砌筑砂浆不同，抹面砂浆抹面层不承受荷载，因此，抹面砂浆对强度的要求不高，对和易性以及与基底材料的黏结力要求较高，故需多用一些胶凝材料。抹面层与基底层应有足够的黏结强度，以使其在施工中或长期自重和环境作用下不脱落、不开裂。抹面砂浆要求砂浆具有良好的和易性，是因为抹面层多为薄层，并分层涂抹，便于施工，面层要求平整、光洁、细致、美观。抹面砂浆多用于干燥环境，以及大面积暴露在空气中的情况，所以失去水分的速度更快。

1. 普通抹面砂浆的选用

普通抹面砂浆对建筑物起保护作用，它直接抵抗风、霜、雨、雪等自然环境对建筑物的侵蚀，提高了建筑物的耐久性，同时可使建筑物达到表面平整、光洁和美观的效果。

为了保证抹灰表面平整，避免裂缝、起鼓、脱落等现象，通常抹面应分两层或三层进行。各层抹灰要求不同，所以每层所选用的砂浆也不一样，见表 5-2。

同时，基底材料的特性和工程部位不同，对砂浆性能要求也不同，这也是选择砂浆种类的主要依据。用于砖墙的底层抹灰，多选用石灰砂浆；有防水、防潮要求时，应选用水泥砂浆;用于混凝土基层的底层抹灰,多选用水泥混合砂浆。中层抹灰多选用水泥混合砂浆和石灰砂浆。面层抹灰主要起装饰作用,砂浆中宜用细砂。面层抹灰多选用混合砂浆、麻刀石灰浆、纸筋石灰浆。在容易碰撞或潮湿部位的面层,如墙裙、踢脚板、雨篷、水池、窗台等均应选用水泥砂浆。

表 5-2　各抹灰层对抹面砂浆的要求

抹灰层	作　用	要　求
底层	黏结	较高的黏结力、良好的和易性
中层	找平	较底层砂浆稠(可省去)
面层	保护、装饰	用较细的砂子涂抹平整,色泽均匀

2. 装饰砂浆的选用

装饰砂浆是指涂抹在建筑物内外墙表面,并且具有美观装饰效果的抹灰砂浆。

装饰抹灰的底层及中层砂浆的选用与普通抹灰基本相同,主要是其面层应选用具有一定装饰颜色的胶凝材料、骨料及采用某种特殊的操作工艺,使其表面呈现出各种不同的色彩、线条与花纹等装饰效果。

按饰面方式不同,装饰砂浆可分为灰砂类装饰砂浆和石渣类装饰砂浆。

对于有拉条、喷涂、弹涂、仿面砖、拉毛灰等饰面要求时,应选用灰砂类装饰砂浆。

对于有水刷石、干黏石、水磨石、斩假石等饰面要求时,应选用石渣类装饰砂浆。

3. 防水砂浆的选用

制作防水层的砂浆称为防水砂浆。砂浆防水层又称为刚性防水层,这种防水层仅用于不受振动且具有一定刚度的混凝土工程和砌体工程。对于变形较大或可能发生不均匀沉陷的建筑物,都不宜采用刚性防水层。

常用的刚性防水有 5 层(或 4 层)砂浆防水及掺防水剂砂浆防水两种。5 层(或 4 层)砂浆防水是用素灰和水泥分层交叉抹面而构成的防水层,有较高的抗掺能力。掺防水剂砂浆常用的防水剂有氯化物金属盐类及金属皂类。

拓展与提高

预拌砂浆

绿色环保、节能减碳已经成为我国未来经济发展的必然趋势。建筑业属于耗能产业,节能空间巨大。预拌砂浆能够大幅度降低建筑能耗总量,有效缓解能源供需矛盾。

传统的现场拌制砂浆,搅拌过程中会排出大量粉尘。据统计,某市一年向空气中排放的水泥粉尘约 10 557 t,相当于向天空抛撒了 21.11 万袋水泥。而搅拌机摩擦所产生的噪声污染,不仅对施工人员的身体健康造成危害,而且给周围居民的正常生活也带来了影响。

与传统的现场拌制砂浆相比，预拌砂浆是指由专业化厂家生产的，用于建设工程中的各种砂浆拌合物，是我国近年发展起来的一种新型建筑材料。它解决了在施工现场拌制的环境污染、噪声污染等问题，现场无须存放大量原材料，真正提高文明施工程度。预拌砂浆按照科学配方，产品质量可靠，大大提高了建筑施工现代化水平。目前预拌砂浆在上海、常州等地区发展较快。

思考与练习

（一）填空题

抹面砂浆一般分底层、中层和面层三层进行施工，其中底层起着________的作用，中层起着________的作用，面层起着________的作用。

（二）简答题

1. 砖墙、混凝土墙以及容易碰撞或潮湿的地方底层抹灰应选用何种砂浆？

2. 砌筑砂浆在工程中有哪些应用？

3. 砌筑砂浆与抹面砂浆有何不同？

考核与鉴定五

（一）单项选择题

1. 建筑砂浆与普通混凝土的区别在于其不含(　　)。

A. 石灰　　B. 水泥　　C. 石子　　D. 砂子

2. 凡涂抹在建筑物或构筑物表面的砂浆称为(　　)。

A. 砌筑砂浆　　B. 抹面砂浆　　C. 混合砂浆　　D. 防水砂浆

3. 砂浆的保水性用(　　)来表示。

A. 坍落度　　B. 分层度　　C. 延伸度　　D. 维勃度

4. 砂浆的流动性用(　　)表示。

A. 坍落度　　B. 分层度　　C. 沉入度　　D. 维勃稠度

5. 砂浆的强度等级划分是由(　　)。

A. 抗压强度　　B. 弯曲抗拉强度　　C. 轴心抗拉强度　　D. 抗剪强度

6. 分层度(　　)的砂浆容易发生干缩裂缝。

A. 在 10 ~ 20 mm　　B. 大于 30 m　　C. 在 20 ~ 30 mm　　D. 接近零

7. 砌筑砂浆的分层度不得大于(　　)。

A. 20 mm　　B. 25 mm　　C. 30 mm　　D. 35 mm

8. 砂浆保水性的改善可以采用(　　)的办法。

A. 增加水泥用量　　B. 减少单位用水量

C. 加入生石灰　　D. 加入粉煤灰

9. 测定砌筑砂浆抗压强度时采用的试件尺寸为(　　)。

A. 100 mm × 100 mm × 100 mm　　B. 150 mm × 150 mm × 150 mm

C. 200 mm × 200 mm × 200 mm　　D. 70.7 mm × 70.7 mm × 70.7 mm

10. 面层抹灰主要起装饰作用,砂浆中宜用(　　)。

A. 特细砂　　B. 细砂　　C. 中砂　　D. 粗砂

11. 石灰砂浆可用于(　　)。

A. 地上高层　　B. 地下工程　　C. 地上临时性建筑　　D. 防水工程

(二)多项选择题

1. 建筑砂浆按胶凝材料分为(　　)。

A. 水泥砂浆　　B. 石灰砂浆　　C. 混合砂浆　　D. 防水砂浆

2. 建筑砂浆可用于(　　)。

A. 砌筑　　B. 抹面　　C. 装饰　　D. 保温

3. 新拌砂浆应具备的技术性质是(　　)。

A. 流动性　　B. 保水性　　C. 变形性　　D. 强度

4. 用于吸水基层(如黏土砖)的砂浆,其强度主要取决于(　　)。

A. 水灰比　　B. 水泥强度　　C. 用水量　　D. 水泥用量

5. 与砌筑砂浆相比,抹面砂浆具有的特点为(　　)。

A. 抹面层不承受荷载

B. 抹面层与基底层应用足够的黏结强度,使其在施工中或长期自重和环境作用下不脱落、不开裂

C. 抹面层多为薄层,并分层涂抹,面层要求平整、光洁、细致、美观

D. 多用于干燥环境,以及大面积暴露在空气中的情况

6. 用于石砌体的砂浆强度主要决定于(　　)。

A. 水泥用量　　B. 砂子用量　　C. 水灰比　　D. 水泥强度等级

7. 下列有关抹面砂浆、防水砂浆的叙述,正确的是(　　)。

A. 抹面砂浆一般分为两层或三层进行施工,各层要求不同,在容易碰撞或潮湿的地方,应

采用水泥砂浆

B. 外墙面的装饰砂浆常用工艺做法有拉毛、水刷石、水磨石、斩假石、假面砖等

C. 水磨石一般用普通水泥、白色或彩色水泥拌和各种色彩的花岗石渣作面层

D. 防水砂浆可用普通水泥砂浆制作,也可在水泥砂浆中掺入防水剂来提高砂浆的抗渗能力

(三)判断题

1. 分层度越小,砂浆的保水性越差。 ( )
2. 砂浆的和易性内容与混凝土的完全相同。 ( )
3. 砂浆的保水性用分层度测定。 ( )
4. 抹面砂浆底面和空气接触面大,失去水分的速度更快。 ( )
5. 水泥砂浆适用于潮湿环境或水中。 ( )
6. 沉入度值越大,砂浆越稀,砂浆流动性越大。 ( )
7. 当基层为吸水材料时,砂浆中多余的水分被基层吸收。砂浆水分的多少取决于砂浆的保水性,与砂浆初始水灰比关系不大。 ( )
8. 水泥砂浆适用于潮湿环境、水中。 ( )
9. 砂浆应根据所使用的环境和部位来合理选择胶凝材料的种类,如处于潮湿环境中的砂浆可以选择选用石灰作为胶凝材料。 ( )
10. 砂浆的抗压强度越高,黏结力越大。 ( )
11. 水泥砂浆的和易性好,强度较高,适用于潮湿环境、水中及要求砂浆强度等级较高的工程。 ( )
12. 抹面砂浆又称抹灰砂浆,是指涂抹在基底材料表面的砂浆。 ( )
13. 砌筑砂浆底面和空气接触面大,失去水分的速度更快。 ( )
14. 防水砂浆属于刚性防水。 ( )
15. 用于抹面及勾缝的砂浆的砂宜选用粗砂。 ( )

模块六　砌墙砖

砌墙砖是建筑工程中不可缺少的墙体材料，在建筑中起承重、围护、隔断等作用。它对建筑物的功能、自重、成本、工期以及建筑能耗等均有着直接的影响。我国建筑用砌墙砖主要有烧结砖和和非烧结砖两大类。合理选择砌墙砖，对建筑功能、安全及造价等均有重要意义。本模块主要学习任务有三个，即了解砌墙砖的定义与分类、掌握砌墙砖的性能、掌握砌墙砖的选用。

学习目标

（一）知识目标

1. 能熟记砌墙砖的定义；
2. 能掌握砌墙砖的分类方式及种类；
3. 能掌握砌墙砖的性能。

（二）技能目标

能根据砌墙砖的特性合理选用砌墙砖。

（三）职业素养目标

1. 具有遵章守纪和安全生产的基本理念；
2. 养成团结协作的工作作风。

任务一　了解砌墙砖的定义与分类

任务描述与分析

本任务主要内容为砌墙砖的定义及砌墙砖根据不同分类方式进行分类。通过本任务的学习，学生应了解砌墙砖的基本定义，能根据不同的分类方式正确地认识不同的砌墙砖。

知识与技能

(一)砌墙砖的定义

凡是以黏土、工业废料或其他地方资源为主要原料，以不同工艺制造的，在建筑物中用于砌筑承重和非承重墙体的砖统称为砌墙砖。

(二)砌墙砖的分类

砌墙砖有两种分类方式：

- 按照生产工艺
  - 烧结砖：经焙烧制成的砖(图 6-1)
  - 非烧结砖：经碳化或蒸汽(压)养护硬化而成的砖(图 6-2)

图 6-1　普通烧结砖

图 6-2　蒸压灰砂砖

- 按照孔洞率
  - 实心砖：没有孔洞或孔洞率 <25% 的砖(图 6-3)
  - 多孔砖：孔洞率≥25%，孔的尺寸小而数量多的砖(图 6-4)
  - 空心砖：孔洞率≥40%，孔的尺寸大而数量少的砖(图 6-5)
- 按照生产原材料
  - 黏土砖
  - 页岩砖
  - 煤矸石砖
  - 粉煤灰砖
  - 建筑渣土砖
  - 淤泥砖
  - 污泥砖
  - 固体废弃物砖

图6-3 实心砖

图6-4 多孔砖

图6-5 空心砖

(三)常用砌墙砖

1. 烧结普通砖

凡以黏土、页岩、煤矸石、粉煤灰、建筑渣土、淤泥、污泥、固体废弃物等为主要原料,经成型、焙烧而成的实心或孔洞率不大于15%的砖,称为烧结普通砖。

2. 烧结多孔砖及空心砖

烧结多孔砖和空心砖的生产原料基本相同,分别有黏土、页岩、煤矸石、粉煤灰等。

1)烧结多孔砖

烧结多孔砖(图6-6)以黏土、页岩、煤矸石、粉煤灰、淤泥(江河湖淤泥)及其他固体废弃物等为主要原料,经焙烧而成,孔洞率不小于25%,孔的尺寸小而数量多,主要用于承重部位。

图6-6 烧结多孔砖

图6-7 烧结空心砖

2)烧结空心砖

烧结空心砖(图6-7)简称空心砖,是指以黏土、页岩、煤矸石、粉煤灰、淤泥(江河湖等淤泥)、建筑渣土及其他固体废弃物为主要原料,经焙烧而成的具有竖向孔洞(孔洞率不小于40%,孔的尺寸大而数量少)的砖,主要用于非承重部位。其孔洞垂直于顶面,砌筑时要求孔洞方向与承压面平行。

3. 非烧结砖

不经焙烧而制成的砖均为非烧结砖。根据硬化方式的不同,非烧结砖可分为碳化砖、免烧免蒸砖(混凝土砖)、蒸压灰砂砖。目前,应用较广的是蒸压灰砂砖。下面主要介绍几种常用的非烧结砖。

1)蒸压灰砂砖

蒸压灰砂砖(图6-8)是用磨细生石灰和天然砂,经混合搅拌、陈化(使生石灰充分熟化)、轮碾、加压成型、蒸压养护而成，有彩色（Co）和本色（N）两类。

2）粉煤灰砖

粉煤灰砖（图 6-9）是以粉煤灰、石灰为主要原料，掺加适量石膏和骨料经胚料制备，压制成型，高压或常压蒸汽养护而成的实心砖。

3）混凝土实心砖

混凝土实心砖（图 6-10）是以水泥、骨料，以及根据需要加入的掺合料、外加剂等为原料，经加水搅拌、成型、养护制成的混凝土实心砖。

图 6-8　蒸压灰砂砖

图 6-9　粉煤灰砖

图 6-10　混凝土实心砖

拓展与提高

1. 烧结普通砖分类

烧结普通砖按照原材料：
- 黏土砖（N）
- 页岩砖（Y）
- 煤矸石砖（M）
- 粉煤灰砖（F）
- 建筑渣土砖（Z）
- 淤泥砖（U）
- 污泥砖（W）
- 固体废弃物砖（G）

2. 烧结普通砖的生产工艺（图 6-11）

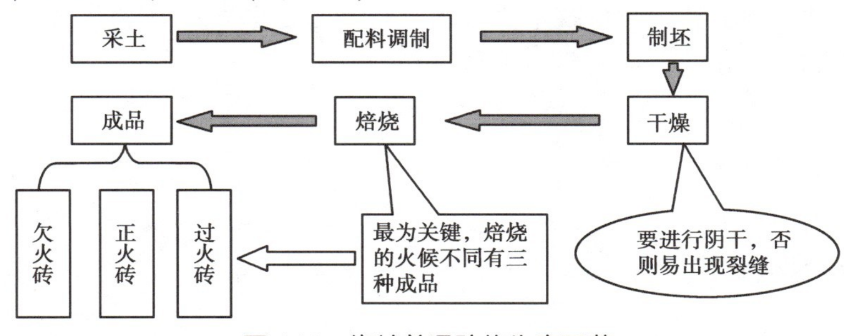

图 6-11　烧结普通砖的生产工艺

注意：欠火砖颜色浅，敲击声音闷哑，孔隙率高，强度低，耐久性差；过火砖颜色深，敲击声音响亮，孔隙率低，强度高，耐久性好，但变形大。

思考与练习

(一)填空题

1. 按照孔洞率的大小,砌墙砖可分为________、________、________。
2. 烧结多孔砖的孔洞率不应小于________,烧结空心砖的孔洞率不应小于________。

(二)简答题

1. 什么是砌墙砖?砌墙砖的分类有哪些?

2. 如何鉴别欠火砖和过火砖?

任务二　掌握砌墙砖的性能

任务描述与分析

本任务主要学习各类砌墙砖的技术要求及特点。通过本任务的学习,学生应掌握各类砌墙砖的技术要求、特点,能在实际工程中正确地运用砌墙砖。

知识与技能

(一)烧结普通砖

1. 规格

烧结普通砖的外形为直角六面体,其公称尺寸为240 mm×115 mm×53 mm(图6-12);常用配砖规格为175 mm×115 mm×53 mm。

烧结普通砖的尺寸偏差和外观质量必须符合表6-1和表6-2的规定。

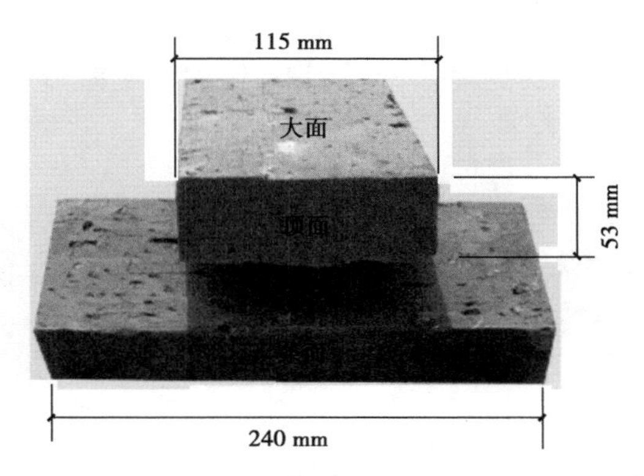

图 6-12　烧结普通砖的公称尺寸

表 6-1　尺寸偏差

单位：mm

公称尺寸	指　标	
	样本平均偏差	样本极差≤
240	±2.0	6.0
115	±1.5	5.0
53	±1.5	4.0

表 6-2　外观质量

单位：mm

项　目		指　标
两条面高度差	≤	2
弯曲	≤	2
杂质凸出高度	≤	2
缺棱掉角的三个破坏尺寸	不得同时大于	5
裂纹长度	≤	
a. 大面上宽度方向及其延伸至条面的长度		30
b. 大面上长度方向及其延伸至顶面的长度或条顶面上水平裂纹的长度		50
完整面[a]	不能少于	一条面和一顶面
注：为砌筑挂浆而施加的凹凸纹、槽、压花等不算作缺陷。		
[a] 凡有下列缺陷之一者，不得称为完整面； ——缺损在条面或顶面上造成的破坏面尺寸同时大于 10 mm×10 mm。 ——条面或顶面上裂纹宽度大于 1 mm，其长度超过 30 mm。 ——压陷、粘底、焦花在条面或顶面上的凹陷或凸出超过 2 mm，区域尺寸同时大于 10 mm×10 mm。		

2. 强度等级

砖的强度等级分为MU30、MU25、MU20、MU15、MU10共5级,各强度等级的抗压强度应符合表6-3的规定。

表6-3 烧结普通砖强度等级

强度等级	抗压强度平均值 $\bar{f}$ ≥	强度标准值 f_k ≥
MU30	30.0	22.0
MU25	25.0	18.0
MU20	20.0	14.0
MU15	15.0	10.0
MU10	10.0	6.5

3. 抗风化性能

抗风化性能是指在干湿变化、温度变化、冻融变化等物理因素作用下,材料不破坏并长期保持原有性质的能力。它是材料耐久性的重要内容之一。

4. 泛霜

泛霜(图6-13)也称起霜,是砖在使用过程中表面产生的盐析现象。砖内过量的可溶盐受潮吸水而溶解,随水分蒸发呈晶体析出时,产生膨胀,使砖面剥落。

标准规定:每块砖不允许出现严重泛霜。

图6-13 泛霜观象

5. 石灰爆裂

石灰爆裂是指砖坯中夹杂有石灰石,砖吸水后,由于石灰逐渐熟化而膨胀产生的爆裂现象。这种现象影响砖的质量,并降低砌体强度。

砖的石灰爆裂应符合下列规定:

(1)破坏尺寸大于2 mm且小于或等于15 mm的爆裂区域,每组砖不得多于15处。其中大于10 mm的不得多于7处。

(2)不允许出现最大破坏尺寸大于15 mm的爆裂区域。

(3)试验抗压强度损失不得大于5 MPa。

(二)烧结多孔砖及空心砖

烧结多孔砖和烧结空心砖的生产工艺与普通烧结砖相同,但坯体有孔洞,增加了成型的难度,因而对原料的可塑性要求很高。烧结多孔砖、烧结空心砖与烧结普通砖相比,具有如下优点:节约原材料,节省燃料,造价降低;施工效率提高;可使建筑物自重减轻,改善墙体的绝热和隔声性能。

1. 烧结多孔砖

1)规格

烧结多孔砖的外形一般为直角六面体,砖的孔洞多与承压面垂直;它的单孔尺寸小,孔洞分布合理,非孔洞部分砖体较密实,具有较高的强度。烧结多孔砖有两种规格,分别是190 mm×190 mm×90 mm和240 mm×115 mm×90 mm。

2)强度等级

烧结多孔砖按抗压强度等级分为MU30、MU25、MU20、MU15、MU10共5个等级。

3)密度等级

烧结多孔砖的密度等级分为1 000,1 100,1 200,1 300 kg/m^3 共4个等级。

4)孔洞率

(1)孔形。所有烧结多孔砖孔形均为矩形孔或矩形条孔。孔4个角应做成过渡圆角,不得做成直尖角。

(2)孔洞排列要求:

①所有孔宽应相等,孔采用单向或双向交错排列;

②孔洞排列上下、左右应对称,分布均匀,手抓孔的长度方向尺寸必须平行于砖的条面。

2. 烧结空心砖

根据《烧结空心砖和空心砌块》(GB/T 13545—2014)的规定,强度、密度、抗风化性能和放射性质合格的烧结空心砖,根据尺寸偏差、外观质量、孔形及孔洞排列、泛霜、石灰爆裂和吸水率分为优等品、一等品和合格品3个质量等级。

1)规格

烧结空心砖的外形为直角六面体,主要有290 mm×190 mm×90 mm和240 mm×180 mm×115 mm两种规格。

2)强度等级

烧结空心砖按抗压强度等级分为MU10、MU7.5、MU5、MU3.5共4个强度等级。

3)密度等级

烧结空心砖的密度等级分为800,900,1 000,1 100 kg/m^3 共4个等级。

(三)非烧结砖

1. 蒸压灰砂砖

根据《蒸压灰砂砖》(GB/T 11945—2019)的规定,蒸压灰砂砖根据尺寸偏差、外观质量、强度及抗冻性分为优等品(A)、一等品(B)、合格品(C)3个质量等级。蒸压灰砂砖的表观密度为1 800~1 900 kg/m^3,导热系数约为0.61 W/(m·K)。

1)规格

蒸压灰砂砖的外形为直角六面体,公称尺寸为240 mm×115 mm×53 mm。

2)强度等级

蒸压灰砂砖根据抗压强度和抗折强度分为MU25、MU20、MU15、MU10共4个强度等级。

2. 粉煤灰砖

根据《蒸压粉煤灰砖》(JC/T 239—2014)的规定,粉煤灰砖根据尺寸偏差、外观质量、强度等级和干燥收缩的不同可分为合格和不合格两个质量等级。粉煤灰砖的颜色为灰色或深灰色,其表观密度为1 400~1 500 kg/m^3。

1)规格

粉煤灰砖的外形为直角六面体,公称尺寸为240 mm×115 mm×53 mm。

2)强度等级

由于粉煤灰砖抗压和抗折强度不同,可将其分为MU30、MU25、MU20、MU15、MU10共5个强度等级。要求优等品的强度等级不低于MU15。

3. 混凝土实心砖

混凝土实心砖的规格尺寸为240 mm×115 mm×53 mm。按混凝土自身的密度分为A级(≥2 100 kg/m^3)、B级(1 681~2 099 kg/m^3)和C级(≤1 680 kg/m^3)3个密度等级。混凝土砖的抗压强度分为MU40,MU35,MU30,MU25,MU20,MU15共6个等级。

拓展与提高

砌墙砖标准规范及取样方法

砌墙砖的抽样送检需符合表6-4的规定。

表6-4 砌墙砖标准规范及取样方法

材料名称	验收规范及产品标准	验收检验项目	试验中心能检项目	代表批量	试样数量	抽样方法
烧结普通砖	GB 50203—2011《砌体工程施工质量验收规范》 GB 5101—2003《烧结普通砖》 强度等级:MU(10,15,20,25,30)	抗压强度	1. 抗压强度 2. 外观质量尺寸偏差 3. 放射性	以同一产地、同一规格不超过15万块为一验收批,不足者按一批计	抗压强度10块 放射性4块 送样15~20块	从外观质量和尺寸偏差检验均合格的产品中随机抽取试样

续表

材料名称	验收规范及产品标准	验收检验项目	试验中心能检项目	代表批量	试样数量	抽样方法
烧结多孔砖	GB 50203—2011《砌体工程施工质量验收规范》GB 13544—2011《烧结多孔砖和多孔砌块》强度等级:MU(30,25,20,15,10)	抗压强度	1. 抗压强度 2. 外观质量尺寸偏差 3. 砖吸水率	以同一产地、同一规格、不超过5万块为一验收批,不足则按一批计	抗压强度10块 吸水率5块 送样15~20块	从外观质量和尺寸偏差检验均合格的产品中随机抽取试样
烧结空心砖和空心砌块	GB 50203—2011《砌体工程施工质量验收规范》GB 13545—2014《烧结空心砖和空心砌块》强度等级:MU(10,7.5,5.0,3.5)	1. 抗压强度 2. 密度	1. 抗压强度 2. 外观质量尺寸偏差 3. 砖吸水率 4. 密度 5. 放射性	以同一产地、同一规格、3万块为一验收批,不足者按一批计	抗压强度10块 密度5块 放射性3块 送样15~20块	从外观质量和尺寸偏差检验均合格的产品中随机抽取试样

思考与练习

(一)填空题

1. 强度、抗风化性能和放射性物质含量合格的烧结普通砖,根据尺寸偏差、外观质量、泛霜和石灰爆裂分为________、________和________三个质量等级。

2. 烧结普通砖的公称尺寸为________,常用配砖规格为________。

3. 烧结多孔砖按抗压强度等级分为________,________,________,________,________。

4. 蒸压灰砂砖根据________和________分为MU25、MU20、MU15、MU10共4个强度等级。

(二)简答题

1. 烧结普通砖的技术要求有哪些?

2. 烧结普通砖、空心砖和多孔砖各分几个强度等级?

3. 烧结普通砖的耐久性包括哪些内容?

任务三 掌握砌墙砖的选用

任务描述与分析

本任务主要内容为根据砌墙砖的特性合理选用砌墙砖。通过本任务的学习,学生应掌握合理选择砌墙砖的方法,对建筑各种砌筑部位的要求有基本的认识。

知识与技能

(一)烧结普通砖的选用

烧结普通砖是传统的墙体材料,具有较高的强度和耐久性,又因其多孔而具有保温绝热、隔声、吸声等优点,因此适宜作建筑围护结构,被大量应用于砌筑建筑物的内墙、外墙、柱、拱、烟囱、沟道及其他构筑物,也可在砌体中设置适当的钢筋或钢丝以代替混凝土构造柱和过梁。

烧结砖的吸水率大,从砂浆中大量吸水后会使水泥不能正常水化硬化,降低砂浆的黏结力,导致砌体强度下降。因此,必须预先将砖浇水湿润,方可砌筑。

需要指出的是,烧结普通砖中的黏土砖,因其毁田取土,能耗大、块体小、施工效率低,砌体自重大,抗震性差等缺点,在我国主要大、中城市及地区已被禁止使用。现需重视烧结多孔砖、烧结空心砖的推广应用,因地制宜地发展新型墙体材料。利用工业废料生产的粉煤灰砖、煤矸石砖、页岩砖等以及各种砌块、板材正在逐步发展起来,应将逐渐取代普通烧结砖。

(二)烧结多孔砖及空心砖的选用

1. 烧结多孔砖

烧结多孔砖对原材料的要求较高,制坯时受到较大压力,砖孔壁密实度较高,故砖的抗压强度较高,主要用于6层以下建筑物的承重墙或者高层框架结构的填充墙。由于其多孔构造,不宜用于基础墙、地面以下或室内防潮层以下的建筑部位。

2. 烧结空心砖

烧结空心砖的自重较轻，强度较低，多用于建筑物的非承重部位的墙体，如多层建筑内隔墙或框架结构的填充墙等。各种类型的砖在使用时均要注意耐久性。

(三)非烧结砖的选用

1. 蒸压灰砂砖

MU15、MU20 和 MU25 的蒸压灰砂砖可用于基础及其他建筑；MU10 的砖仅可用于防潮层以上的建筑。由于蒸压灰砂砖中的某些产物不耐酸，也不耐热，因此蒸压灰砂砖不得用于长期受热(200 ℃以上)，受急冷急热和有酸性介质侵蚀的建筑部位，也不宜用于流水冲刷的部位。

2. 粉煤灰砖

粉煤灰砖可用于工业与民业建筑的墙体和基础，但用于基础或用于易受冻融和干湿交替作用的建筑部位必须使用一等砖与优等砖。同时，粉煤灰不得用于长期受热(200 ℃以上)，受急冷急热和有酸性介质侵蚀的部位。

3. 混凝土实心砖

混凝土实心砖主要是用于砌筑墙体，因其抗压强度高，一般用于建筑物承重墙。

拓展与提高

国内新型墙体材料的应用现状

新型墙体材料从用途上可分为砌块、砖和板材三大类。“十二五”期间有 180 个城市基本完成了限用、禁用黏土实心砖要求。目前，我国墙材生产总量 8 000 亿块，其中，利用废渣、多种炉渣、粉煤灰等或掺废渣 30% 以上的黏土内烧结普通砖年产量 1 300 亿块，占墙体总量的 16.25%。另外建筑砌块逐渐取代黏土实心砖，占全国墙体总量 4.06%；页岩烧结砖年产量 400 多亿块，占墙材总量的 5%；轻质板材占墙材总量 2% 左右；蒸压灰砂砖年产量 70 多亿块，占全国墙材总量的 0.88%；加气混凝土占墙体总量的 0.53%。全国新墙材年产量已占墙材年产总量 39.26%，其中砖类墙材产品占 32.13%。可见砖类新型墙材产品已成为新墙材主导产品。目前国内常用的有陶粒混凝土砌块、普通混凝土砌块、加气混凝土砌块、灰砂砖、烧结页岩砖、烧结空心砖、粉煤灰砖、GRC 空心轻质隔墙条板等。

我国新型墙材产量快速增长，经济和社会效益显著，新型墙材的技术设备水平和产品质量也上了一个新台阶。在十几年间，引进并建成了一批具有当代国际先进水平的新型墙体材料生产线，包括利废空心砖生产线、小型混凝土空心砌块生产线、轻型板材生产线等。此外，在引进国外先进的煤矸石制砖设备的基础上，通过消化吸收和创新，开发了具有自主知识产权的全煤矸石半硬塑或硬塑挤出生产线，实现了制砖不用土，烧砖不用煤，技术装备水平迈上了新台阶。

新型墙体材料生产开始向规模化方向发展。目前,我国新型墙体材料中的纸面石膏板生产线最大生产规模已达到3 000万m^2/年;新建混凝土砌块和加气混凝土砌块生产线的规模一般在10万m^3/年以上;新建烧结空心砖生产线的规模一般在3 000万块/年以上,最大的单线规模达到了8 000万块/年。

思考与练习

(一)填空题

1. 可用于承重部位的砌墙砖是________、________。

2. 不能用于受急冷急热和有酸性介质侵蚀部位的砖是________、________。

(二)简答题

1. 推广使用多孔砖和空心砖有何经济意义?

2. 在采用烧结普通砖砌筑之前为什么要将砖吸水湿润才可使用?

考核与鉴定六

(一)单项选择题

1. 烧结空心砖的孔洞率大于或等于(　　)。
A. 20%　　B. 25%　　C. 30%　　D. 40%

2. 经常压或高压蒸汽养护而成的砖是(　　)。
A. 烧结砖　　B. 非烧结砖　　C. 实心砖　　D. 空心砖

3. 生产过程中烧制过度的砖是(　　)。
A. 过火砖　　B. 烧结砖　　C. 正火砖　　D. 欠火砖

4. 孔洞率不小于40%,且孔洞大而数量少的砖是(　　)。
A. 烧结普通砖　　B. 烧结多孔砖　　C. 烧结空心砖　　D. 蒸压灰砂砖

5. 可用于砌筑承重保温墙体的材料是(　　)。
A. 粉煤灰砖　　B. 烧结多孔砖　　C. 烧结空心砖　　D. 蒸压灰砂砖

6. 不能用于砌筑承重墙的材料是(　　)。

A. 烧结多孔砖　B. 粉煤灰砖　C. 蒸压灰砂砖　D. 烧结空心砖

7. 仅可用于建筑物防潮层以上的蒸压灰砂砖的强度等级为(　　)。

A. MU25　B. MU20　C. MU15　D. MU10

8. 烧结普通砖的(　　)通过泛霜、抗风化性能来综合评定。

A. 强度　B. 外观质量　C. 耐久性　D. 吸水性

9. 变异系数大于0.21时,烧结普通砖的强度等级由强度平均值和(　　)来评定。

A. 强度标准值　B. 抗折强度值

C. 抗拉强度值　D. 单块最小抗压强度值

10. 蒸压灰砂砖有(　　)个质量等级。

A. 1　B. 2　C. 3　D. 4

11. 烧结普通砖的标准尺寸中,(　　)尺寸为240 mm×53 mm。

A. 大面　B. 条面　C. 顶面　D. 正面

12. 石灰爆裂会造成砖的外观缺失和(　　)降低。

A. 强度　B. 质量　C. 体积　D. 重量

(二)多项选择题

1. 烧结普通砖按主要原料分为(　　)。

A. 黏土砖　B. 粉煤灰砖　C. 煤矸石砖　D. 页岩砖

2. 蒸养砖的主要种类有(　　)。

A. 石灰砖　B. 粉煤灰砖　C. 灰砂砖　D. 炉渣砖

3. 可用于建筑基础的砖是(　　)。

A. 烧结多孔砖　B. 粉煤灰砖　C. 蒸压灰砂砖　D. 烧结空心砖

E. 烧结普通砖

4. 建筑中常用的非烧结砖有(　　)。

A. 蒸压粉煤灰砖　B. 蒸压灰砂砖　C. 炉渣砖　D. 黏土砖

5. 强度和风化性能合格的砖,根据(　　)分为优等品、一等品和合格品。

A. 耐久性　B. 泛霜　C. 外观质量　D. 尺寸偏差

E. 石灰爆裂

6. 烧结普通砖的技术要求是(　　)。

A. 外观质量　B. 尺寸偏差　C. 强度等级　D. 抗风化性能

E. 泛霜

7. 能用于建筑物承重墙的砖是(　　)。

A. 烧结普通砖　B. 粉煤灰砖　C. 烧结多孔砖　D. 烧结空心砖

8. 烧结空心砖的密度级别为(　　)。

A. 800级　B. 900级　C. 1 000级　D. 1 100级

9. 下列中以原料命名的砖是(　　)。

A. 烧结黏土砖　B. 烧结页岩砖　C. 烧结多孔砖　D. 烧结粉煤灰砖

(三)判断题

1. 非烧结砖是指不经配烧而制成的砖。 ( )
2. 烧结普通砖根据尺寸偏差、强度和泛霜分为优等品和一等品两个质量等级。 ( )
3. 在北方施工作业,砌筑烧结普通砖不用吸水湿润,可直接施工。 ( )
4. 烧结多孔砖可用于砌筑6层以下的承重墙。 ( )
5. 粉煤灰砖可用于有酸性介质侵蚀的建筑部位。 ( )

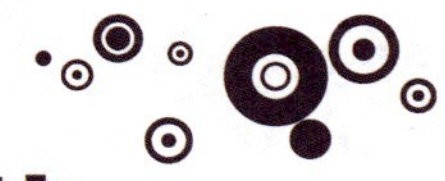

模块七　砌块

在房屋建筑中，应用砌块的部位一般具有承重、围护和分隔作用。一般来说，合理选用砌块对建筑物的功能、安全以及造价等均具有重要意义。近年来，我国砌块的生产和应用技术得到迅速发展，砌块的质量和功能得到明显改善和提高，为提高工程质量、实施建筑节能、加强环境保护奠定了良好基础。本模块共三个任务，即了解砌块的定义与分类、掌握常用砌块的性能、掌握常用砌块的选用。

学习目标

(一)知识目标

1. 能熟记砌块的定义；
2. 能掌握砌块的分类方式及种类；
3. 能掌握砌块的性能。

(二)技能目标

能根据砌块的特性合理选用砌块。

(三)职业素养目标

1. 具有遵章守纪和安全生产的基本理念；
2. 养成团结协作的工作作风。

任务一 了解砌块的定义与分类

任务描述与分析

本任务主要内容为砌块的定义及根据不同分类方式对砌块进行分类。通过本任务的学习，学生应了解砌块的基本定义，能根据不同的分类方式正确地认识不同的砌块。

知识与技能

（一）砌块的定义

砌块是砌筑用的人造块材，是一种新型墙体材料，其外形多为直角六面体，也有各种异形体砌块。砌块是利用混凝土、工业废料（炉渣、粉煤灰等）或地方材料制成的人造块材，外形尺寸比砖大，具有设备简单、砌筑速度快的优点，符合建筑工业化发展中对墙体改革的要求。砌块系列中主要规格的长度、宽度或高度有一项或一项以上分别超过365 mm、240 mm或115 mm，但砌块高度一般不大于长度或宽度的6倍，长度不超过高度的3倍。

（二）砌块的分类

- 按产品主规格的尺寸
  - 大型砌块（高度 >980 mm）
  - 中型砌块（高度 380 ~ 980 mm）
  - 小型砌块（高度 115 ~ 380 mm）
- 按用途
  - 承重砌块
  - 非承重砌块
- 按空心率
  - 实心砌块（无孔洞或空心率 <25%）
  - 空心砌块（空心率≥25%）

（注：空心砌块有单排方孔、单排圆孔和多排扁孔三种形式，其中多排扁孔对保温较有利。按砌块在组砌中的位置与作用可分为主砌块和多种辅助砌块。）

- 按生产工艺
  - 烧结砌块
  - 非烧结砌块
- 按生产原料
  - 页岩砌块
  - 煤矸石砌块
  - 粉煤灰砌块
  - 混凝土砌块
  - 石膏砌块
  - 复合砌块

目前市场上砌块的种类较多，常用的砌块分为混凝土砌块、粉煤灰砌块、石膏砌块、复合砌块四大类。下面主要介绍几种应用较广的砌块。

1. 蒸压加气混凝土砌块

蒸压加气混凝土砌块（图 7-1）是在钙质材料（如水泥、石灰）和硅质材料（如砂、粉煤灰、矿渣）的配料中加入铝粉作加气剂，经加水搅拌、浇注成型、发气膨胀、预养切割，再经高压蒸汽养护而成的多孔硅酸盐砌块。

2. 混凝土小型空心砌块

混凝土小型空心砌块（图 7-2）是以水泥为胶凝材料，添加砂石等粗细骨料，经计量配料、加水搅拌、振动加压成型，经养护制成的具有一定空心率的砌块。

3. 粉煤灰混凝土小型空心砌块

粉煤灰混凝土小型空心砌块（图 7-3）是以粉煤灰、石灰和骨料为原料，经加水搅拌、振动成型、蒸汽养护而制成的一种密实砌块。

图 7-1　蒸压加气混凝土砌块

图 7-2　混凝土小型空心砌块

图 7-3　粉煤灰砌块

4. 轻骨料混凝土小型空心砌块

轻骨料混凝土小型空心砌块（图 7-4）是以浮石、火山渣、陶粒等轻骨料制成的混凝土小型空心砌块。

图 7-4　轻骨料混凝土小型空心砌块

图 7-5　石膏砌块

图 7-6　新型复合自保温砌块

5. 石膏砌块

石膏砌块（图 7-5）是以建筑石膏为主要原材料，经加水搅拌、浇筑成型后经干燥制成的轻质建筑石膏制品，具有隔声防火、施工便捷等多项优点，是一种低碳环保、健康、符合时代发展要求的新型墙体材料。

6. 新型复合自保温砌块

新型复合自保温砌块(图 7-6)是由主体砌块、外保温层、保温芯料、保护层及保温连接柱销组成。主体砌块的内、外壁间以及主体砌块与外保护层间,是通过“L 形、T 形点状连接肋”和“贯穿保温层的点状柱销”组合为整体,在柱销中设置有钢丝。在确保安全的前提下,最大限度地降低冷桥效应,具有极其优异的保温性能。

拓展与提高

混凝土小型空心砌块的分类

(1)按照强度等级:分为承重砌块、非承重砌块。承重砌块强度等级一般在 MU7.5 以上;非承重砌块强度等级一般在 MU5.0 以下。

(2)按使用功能:分为普通砌块、装饰砌块、保温砌块、吸声砌块等类型。

(3)按砌块的结构形态:分为有封底砌块、不封底砌块、无槽砌块、有槽砌块。

(4)按空洞形态:分为方孔砌块和圆孔砌块。

(5)按空洞的排列方式:分为单排孔砌块、双排孔砌块、多排孔砌块。

(6)按骨料:分为普通混凝土小型空心砌块、轻集料小型空心砌块。

思考与练习

(一)填空题

1. 砌块按照产品主规格尺寸分为________、________、________。

2. 空心砌块孔洞的形式有________、________、________。

(二)简答题

1. 什么是砌块?

2. 常用砌块有哪几类?

任务二 掌握常用砌块的性能

任务描述与分析

本任务的主要内容为建筑工程中常用砌块的性能，包含了常用砌块的技术性质和特点。通过本任务的学习，学生应掌握建筑工程中常用砌块的性能，能在以后的实际工程中得以正确运用。

知识与技能

(一)蒸压加气混凝土砌块

蒸压加气混凝土砌块按尺寸偏差、外观质量(缺棱掉角、裂纹、疏松、层裂等)、干表观密度、抗压强度和抗冻性，分为优等品(A)、合格品(B)两个质量等级。

1. 规格尺寸

砌块的规格尺寸见表7-1。

表7-1 砌块的规格尺寸 单位：mm

长度 L	宽度 B	高度 H
600	100,120,125, 150,180,200, 240,250,300	200,240,250,300

注：如需要其他规格，可由供需双方协商解决。

2. 强度等级

蒸压加气混凝土砌块按抗压强度分为A1.0,A2.0,A2.5,A3.5,A5.0,A7.5,A10共7个强度等级；按干表观密度分为B03,B04,B05,B06,B07,B08共6个等级。

(二)普通混凝土小型空心砌块

1. 规格尺寸

混凝土小型空心砌块主规格尺寸为390 mm×190 mm×190 mm，其他规格尺寸可由供需双方协商。

2. 强度等级

混凝土小型空心砌块按抗压强度分为 MU5.0、MU7.5、MU10、MU15、MU20、MU25 共 6 个强度等级。

(三)粉煤灰混凝土小型空心砌块

1. 规格尺寸

粉煤灰混凝土小型空心砌块的主规格外形尺寸为 390 mm × 190 mm × 190 mm。其他规格可由供需双方商定。

2. 强度等级

粉煤灰混凝土小型空心砌块按其立方体试件的抗压强度分为 MU3.5、MU5、MU7.5、MU10、MU15 和 MU20 共 6 个强度等级。

(四)轻骨料混凝土小型空心砌块

1. 规格尺寸

轻骨料混凝土小型空心砌块的主砌块和辅助砌块的规格尺寸与普通混凝土小型空心砌块相同,其他规格尺寸可由供需双方商定。

2. 强度等级

轻骨料混凝土小型空心砌块按其抗压强度分为 MU10.0、MU7.5、MU5.0、MU3.5、MU2.5 共 5 个强度等级。

(五)石膏砌块

1. 规格尺寸

石膏砌块的规格尺寸(JC/T 698—2010)见表 7-2。若有其他规格,可由供需双方商定。

表 7-2 石膏砌块的规格尺寸(JC/T 698—2010) 单位:mm

项 目	规 格
长度	600,666
高度	500
厚度	80,100,120,150

2. 技术指标

技术指标见表 7-3。

表 7-3 石膏砌块技术指标

抗压强度/MPa	断裂荷载/N	单点吊挂力/N	隔声量/dB	耐火极限/h	单块质量/kg	表观密度/$(kg \cdot m^{-3})$	软化系数
≥3.5	≥2 000	≥800	≥35	1.5~3	≤30	≤800(空心砌块) ≤1 100(实心砌块)	≥0.6(防潮砌块)

注:①砌块应符合《石膏砌块》(JC/T 698—2010)和《建筑材料放射性核素限量》(GB 6566—2001)的要求。
②为了达到比较高的隔声要求、增加砌块的强度,可以专门定制高密度石膏砌块,容重可以达到 1 200 kg/m³,单块容重可以超过 30 kg。
③长期湿度在 90% 以上的地方,宜采用防潮砌块,按要求做防水措施。

(六)新型复合自保温砌块

1. 规格尺寸

小　型:外墙 390 mm×190 mm×(240~290)mm
　　　　内墙 390 mm×190 mm×(150~190)mm

中　型:外墙 600 mm×(240~300)mm×(240~290)mm
　　　　内墙 600 mm×(240~300)mm×(150~190)mm

各规格均配有多型辅助砌块。

2. 技术指标

新型复合自保温砌块根据所在建筑部位的不同,其技术指标都有所区分。

①非承重型:容重 800 kg/m³、抗压强度≥5 MPa、干缩值<0.4%、吸水率≤15%。

②承重型:容重 1 000 kg/m³、抗压强度≥10 MPa、干缩值≤0.4%、吸水率≤15%。

③内墙砌块:规格为长×高×厚=(390~600)mm×(190~300)mm×(150~190)mm、容重 650~750 kg/m³、干缩值≤0.4、抗压强度≥3.5 MPa。

拓展与提高

混凝土小型空心砌块强度等级(表 7-4)

表 7-4 普通混凝土小型空心砌块强度等级(GB/T 8239—2014)　　单位:MPa

强度等级	抗压强度	
	平均值≥	单块最小值≥
MU5.0	5.0	4.0
MU7.5	7.5	6.0
MU10	10.0	8.0
MU15	15.0	12.0
MU20	20.0	16.0
MU25	25.0	20.0
MU30	30.0	24.0
MU35	35.0	28.0
MU40	40.0	32.0

粉煤灰砌块尺寸允许偏差和外观质量(表 7-5)

表 7-5 粉煤灰砌块尺寸允许偏差和外观质量

项目		指标
尺寸允许偏差/mm	长度	±2
	宽度	±2
	高度	±2
最小外壁厚,不小于/mm	用于承重墙体	30
	用于非承重墙体	20
肋厚,不小于/mm	用于承重墙体	25
	用于非承重墙体	15
缺棱掉角	个数,不多于/个	2
	3 个方向投影的最小值,不大于/mm	20
裂缝延伸投影的累计尺寸,不大于/mm		20
弯曲,不大于/mm		2

粉煤灰砌块是以粉煤灰、石灰、石膏和骨料为原料,经加水搅拌、振动成型、蒸汽养护而制成的一种密实砌块。

粉煤灰砌块端面应设灌浆槽,坐浆面应设抗剪槽。粉煤灰砌块按立方体抗压强度分为 MU10、MU13 两个等级。

粉煤灰砌块主要用于工业与民用建筑的墙体和基础,但不适用于有酸性侵蚀介质、密封性要求高、易受较大振动的建筑物以及受高温和潮湿的承重墙。常温施工时,砌块应提前浇水湿润;冬季施工时砌块不得浇水湿润。

思考与练习

(一)填空题

1. 混凝土小型空心砌块主规格尺寸为____________________。

2. 蒸压加气混凝土砌块按尺寸偏差与外观质量、干密度、抗压强度和抗冻性,分为________、________两个质量等级。

3. 粉煤灰混凝土小型空心砌块按其立方体试件的抗压强度分为________________共六个强度等级。

(二)简答题

1. 砌块同砌墙砖相比有何优点?

2. 简述蒸压加气混凝土砌块和混凝土小型空心砌块的技术特性。

任务三 掌握常用砌块的选用

任务描述与分析

本任务主要内容为根据建筑工程中常用砌块的特点合理选用砌块。合理选择砌块,对建筑功能、安全及造价均有重大意义。通过本任务的学习,学生应掌握建筑工程中常用砌块的选用,能在以后的实际工程中得以正确运用。

知识与技能

(一)蒸压加气混凝土砌块

因蒸压加气混凝土砌块具有质量轻,保温、隔声、耐火性好,易加工,抗震性好,施工方便等优点,但其强度低,耐水性、耐蚀性较差,因此适用于各类建筑地面(±0.000 mm)以上的内、外填充墙,地面以下的内填充墙(有特殊要求的墙体除外)和低层建筑的承重墙。同时,蒸压加气混凝土砌块不应直接砌筑在楼面、地面上。

(二)普通混凝土小型空心砌块

混凝土小型空心砌块具有自重轻、热工性能好、抗震性能好、砌筑方便、墙面平整度好、施工效率高等特点,不仅可以用于非承重墙,较高强度等级的砌块也可用于多层建筑的承重墙。其适用于一般工业与民用建筑的砌块房屋,尤其是适用于多层建筑的承重墙体及框架结构填充墙。

(三)粉煤灰混凝土小型空心砌块

粉煤灰混凝土小型空砌块具有容重小(能浮于水面),保温、隔热、节能、隔声效果优良,可加工性好等优点,是一种新型的节能墙体材料,可以替代空心砌块及墙板作为非承重墙体材料使用。隔热保温是它最大的优势,保温效果是黏土砖的4倍,节约电耗30% ~50%。其主要用于工业与民业建筑墙体和基础,但不适用于有酸性侵蚀介质的、密封性要求高的、易受较大震动的建筑物,以及受高温高潮湿的承重墙。

(四)轻骨料混凝土小型空砌块

轻骨料混凝土小型空砌块具有自重轻,保温隔热性能好,抗震性强,防火、吸声、隔声性能良好,施工方便等优点,在有保温隔热要求的围护结构上,得到广泛应用;但要注意其吸水率大、强度低的缺点。

(五)石膏砌块

国际上已公认石膏砌块是可持续发展的绿色建材产品,因其具有安全、舒适、快速、环保、不易开裂、加工性好、性价比高等优点,主要用于住宅、办公楼、旅馆等作为非承重内隔墙。石膏砌块作为住宅、办公楼与公用建筑的内墙,有利于降低造价、加快施工进度、增加使用面积等。

(六)新型复合自保温砌块

新型复合自保温砌块在节能环保上与传统的墙体材料相比有着巨大的优势,可以提高施工速度,缩短工期,节省砂浆等建筑材料,大大降低施工人员的劳动强度。复合保温砌块因其质量轻、强度高、综合成本相对较低等优点,已成为目前在新型墙体材料中应用最为广泛的材料之一。

拓展与提高

蒸压加气混凝土砌块的选用要点

(1)蒸压加气混凝土砌块主要用于建筑物的外填充墙和非承重内隔墙,也可与其他材料组合成为具有保温隔热功能的复合墙体,但不宜用于最外层。

(2)蒸压加气混凝土砌块如无有效措施,不得用于下列部位:

- 建筑物标高 ±0.000 mm 以下;
- 长期浸水、经常受干湿交替或经常受冻融循环的部位;
- 受酸碱化学物质侵蚀的部位以及制品表面温度高于80 ℃的部位。

(3)不同干密度和强度等级的加气混凝土砌块不应混砌,也不得与其他砖和砌块混砌。

(4)砌筑砂浆应采用黏结性能良好的专用砂浆;加气混凝土的抹面也应采用专用的抹面材料或聚丙烯纤维抹面抗裂砂浆。

砌筑石材

1. 砌筑石材的定义

砌筑石材是天然岩石经机械或人工开采、加工(或不经过加工)获得的各种块状石料。天然石料具有抗压强度高、坚固耐久、生产成本低等优点,广泛应用于砌筑、饰面工程等方面,是古今土木建筑工程的主要建筑材料。

石料按其地质成因的不同可分为火成岩(又称岩浆岩,是由地壳内部熔融岩浆冷却而成的岩石)、水成岩(又称沉积岩,地表岩石经长期风化后,成为碎屑颗粒状或粉尘状,经水或风的搬运,通过沉积和再造作用而形成的岩石)及变质岩(岩石由于强烈的地质活动,在高温和高压下,矿物再结晶或生成新矿物,使原来岩石的矿物成分及构造发生显著变化而形成的一种新岩石)三大类。

2. 砌筑石材的分类

根据加工后的外形规则程度,砌筑石材可分为毛石(又称片石或块石)和料石。

1)毛石

毛石是不成形的石料,处于开采以后的自然状态。它是岩石经爆破后所得的形状不规则的石块。毛石按表面平整程度分为乱毛石和平毛石。形状不规则没有平行面的石材称为乱毛石;形状不规则但有两个大致平行面的石材称为平毛石。

毛石常用于砌筑基础、勒脚、墙身、堤坝、挡土墙等,也可配制片石混凝土等。

2)料石

料石(又称条石)是指经人工凿琢或机械加工而成的大致规则的六面体石材。其宽度和厚度均≥20 cm,长度≤厚度的4倍。按其加工后的外观规则程度,料石分为毛料石、粗料石、半细料石和细料石4种。

(1)毛料石外观大致方正,一般不加工或者稍加修整即可。高度应不小于200 mm,叠砌面凹入深度不大于25 nm。

(2)粗料石截面的宽度、高度应不小于200 mm,并且不小于长度的1/4,叠砌面凹入深度不大于20 mm。

(3)半细料石的规格尺寸同粗料石,但叠砌面凹入深度不大于15 mm。

(4)细料石表面通过细加工,规格尺寸同粗料石,但叠砌面凹入深度不大于10 mm。

料石常用致密的砂岩、石灰岩、花岗岩等凿琢而成,常用于砌筑墙身、地坪、踏步、石柱、石拱和纪念碑及外部装饰等。

3. 砌筑石材的性质及技术要求

1)力学性质

砌筑石材的力学性能主要是考虑其抗压强度。砌筑石材的强度等级是以边长70 mm的立方体为标准试块(3块为一组)的抗压强度表示,抗压强度取三个试块破坏强度的平均值。天然石材的强度等级根据其抗压强度划分为MU100、MU80、MU60、MU50、MU40、MU30和MU20共7个等级。砌筑石材一般要求抗压强度等级≥MU30。

当试件采用边长为50,100,150,200 mm的非标准试块时,其试验结果应乘以相应的换算系数,分别是0.86,1.14,1.28,1.43。

天然石材抗压强度的大小,取决于岩石的矿物成分、结晶粗细、胶结物质的种类及均匀性,以及荷载和解理方向等因素。

砌筑石材的力学性质除了考虑抗压强度外,根据工程需要,还应考虑抗剪强度、冲击韧性、硬度、耐磨性等。

2)耐久性

砌筑石材的耐久性主要包括抗冻性、抗风化性、耐水性、耐火性和耐酸性等。

(1)抗冻性。石材的抗冻性主要取决于其矿物成分、晶粒大小与分布均匀性、天然胶结物的胶结性质、孔隙率和吸水性等性质。石材应根据使用条件选择相应的抗冻性指标。

(2)抗风化性。水、冰、化学因素等造成岩石开裂或剥落称为岩石的风化。岩石抗风化性的强弱与其矿物组成、结构和构造状态有关。

(3)耐水性。大多数岩石的耐水性较高。若岩石中含有较多的黏土或易溶于水的物质时,吸水后软化或溶解,将使岩石的结构破坏,强度降低。

石材的耐水性用软化系数表示。在经常与水接触的建筑物中,石材的软化系数一般应为0.75~0.90。

$$\text{软化系数}=\frac{\text{饱和水状态的抗压强度}}{\text{干燥状态的抗压强度}}$$

石材的软化系数大于0.9者为高耐水性石材,软化系数为0.7~0.9者为中等耐水性石材,软化系数为0.6~0.7者为低耐水性石材。软化系数低于0.6的石材一般不允许用于重要建筑。

思考与练习

(一)填空题

1. 目前在新型墙体材料中,应用最为广泛的是________。

2. 料石的宽度和厚度均不小于________,长度不大于厚度的________倍。细料石叠砌面凹入深度不大于________。

3. 天然石材的强度等级根据其抗压强度划分为________________共7个等级。砌筑石材一般要求抗压强度等级不小于________。

4. 石材的耐水性用________表示。

(二)简答题

1. 简述常用砌块的选用。

2. 砌筑石材的种类有哪些？各自的用途是什么？

3. 砌筑石材的耐久性主要包括哪些性质？

考核与鉴定七

(一)单项选择题

1. 能用于多层建筑物承重部位的砌块是(　　)。

A. 蒸压加气混凝土砌块　　B. 粉煤灰空心砌块

C. 混凝土小型空心砌块　　D. 石膏砌块

2. 实心砌块和空心砌块是按(　　)进行分类的。

A. 用途　　B. 有无空洞　　C. 产品规格　　D. 生产工艺

3. 蒸压加气混凝土砌块根据尺寸偏差、外观质量、干表观密度、抗压强度和抗冻性，分为优等品和(　　)共两个等级。

A. 一等品　　B. 合格品　　C. 特等品　　D. 完成品

4. 粉煤灰砌块的强度等级有(　　)两种。

A. MU5 和 MU7.5　　B. MU7.5 和 MU10　　C. MU10 和 MU13　　D. MU10 和 MU15

5. 蒸压加气混凝土砌块的抗压强度分为(　　)个等级。

A. 4　　B. 5　　C. 6　　D. 7

6. 蒸压加气混凝土砌块的干表观密度分为(　　)个等级。

A. 4　　B. 5　　C. 6　　D. 7

7. 蒸压加气混凝土砌块根据尺寸偏差、外观质量、(　　)、抗压强度和抗冻性，分为优等品和合格品共两个等级。

A. 泛霜　　B. 石灰爆裂　　C. 干表观密度　　D. 抗风化性能

8. 混凝土小型空心砌块的主要规格尺寸为(　　)。

A. 880 mm × 380 mm × 240 mm　　B. 240 mm × 115 mm × 53 mm

C. 880 mm × 420 mm × 240 mm　　D. 390 mm × 190 mm × 190 mm

9. 根据(　　)的不同，混凝土小型空心砌块分为普通混凝土小型空心砌块和轻骨料混凝土小型空心砌块。

A. 骨料　　B. 密度　　C. 强度　　D. 外观尺寸

10. 承重砌块和非承重砌块是根据(　　)进行分类的。

A. 用途　　B. 有无空洞　　C. 产品规格　　D. 生产工艺

11. 按生产工艺进行分类，砌块可分为(　　)。

A. 承重砌块和非承重砌块　　B. 实心砌块和空心砌块
C. 大型砌块和小型砌块　　D. 烧结砌块和蒸养蒸压砌块

12. 混凝土小型空心砌块的强度等级分为(　　)个等级。
A. 4　　B. 5　　C. 6　　D. 7

(二)多项选择题

1. 砌块按空心率大小可分为(　　)。
A. 承重砌块　　B. 非承重砌块　　C. 实心砌块　　D. 空心砌块

2. 加气混凝土砌块作为保温隔热材料可用于(　　)。
A. 复合墙板　　B. 屋面结构　　C. 间隔墙　　D. 填充墙

3. 轻骨料混凝土小型空心砌块具有(　　)特点。
A. 自重轻　　B. 保温性能好
C. 抗震性能好　　D. 防火隔声性能好

4. 砌块按产品规格分为(　　)。
A. 微型砌块　　B. 小型砌块　　C. 中型砌块　　D. 大型砌块

5. 能用于一般工业建筑的墙结构的砌块是(　　)。
A. 蒸压加气混凝土砌块　　B. 粉煤灰砌块
C. 混凝土小型空心砌块　　D. 烧结多孔砌块

6. 蒸压加气混凝土砌块根据(　　),分为优等品和合格品共两个等级。
A. 尺寸偏差　　B. 外观质量　　C. 干表观密度　　D. 抗压强度
E. 抗冻性

7. 建筑工程中常用的砌块为(　　)。
A. 蒸压加气混凝土砌块　　B. 粉煤灰砌块
C. 混凝土小型空心砌块　　D. 烧结空心砌块

8. 粉煤灰砌块的强度等级有(　　)。
A. MU10　　B. MU13　　C. MU15　　D. MU20

(三)判断题

1. 砌块是指砌筑用的人造石材,多为直角六面体。(　　)
2. 粉煤灰砌块适用于建筑的墙体和基础,也适用于有酸性侵蚀的建筑物。(　　)
3. 蒸压加气混凝土砌块的质量等级可分为优等品、合格品两个等级。(　　)
4. 烧结多孔砌块主要用于建筑物的承重部位。(　　)

模块八　建筑钢材

钢材是在严格的技术控制下生产的材料，具有品质均匀、强度高、塑性和韧性好，可以承受冲击和振动荷载，能够切割、焊接、铆接，便于装配等优点，因此，广泛应用于工业与民用建筑中（图 8-1 至图 8-4），是主要的建筑结构材料之一。

本模块的学习任务共三个，即了解建筑钢材的定义与分类、掌握建筑钢材的主要技术性能、学会选用建筑钢材。

图 8-1　央视大楼

图 8-2　重庆火车北站候车厅

图 8-3　重庆朝天门长江大桥

图 8-4　厂房

学习目标

(一)知识目标

1. 能理解建筑钢材的分类;
2. 能掌握钢材的力学性能及工艺性能。

(二)能力目标

1. 能根据钢筋性能检测结果判定钢筋质量;
2. 能正确选用建筑钢材;
3. 能对钢材进行抽样送检。

(三)职业素养要求

1. 养成热爱祖国、遵纪守法、爱岗敬业、团结协作等良好的思想道德品质;
2. 具有安全文明生产和遵守操作规程的意识;
3. 具有获取信息、学习新知识的能力。

任务一　了解建筑钢材的定义与分类

任务描述与分析

本任务主要学习建筑钢材的定义与分类,是学习任务二、三的基础。通过本任务的学习,要求学生了解建筑钢材的定义以及按不同方式进行分类时建筑钢材的表示方法。

知识与技能

钢是将炼钢生铁在炼钢炉中熔炼,除去其中大部分碳和杂质,使其含碳量控制在2.06%以下的铁碳合金。钢材具有较高的抗拉、抗压、抗冲击等特性,且安全可靠,因此被广泛用于工业与民用建筑结构中。但钢材也有着易锈蚀、耐火性差等局限性。

(一)建筑钢材的定义

建筑钢材是指用于钢结构的各种型钢(如工字钢、角钢、槽钢、方钢、圆钢、扁钢等)和用于钢筋混凝土中钢筋、钢丝、钢绞线等。建筑钢材是建筑工程中的重要材料之一。

(二)钢材的分类

1.按化学成分分类

1)碳素钢

含碳量小于2.06%且不含有特意加入的合金元素的钢,称为碳素钢。碳素钢除含碳外,还含有限量之内的硅、锰、硫、磷等元素。根据碳在钢中的含量不同,碳素钢可分为低碳钢(含碳量<0.25%)、中碳钢(含碳量为0.25%~0.6%)、高碳钢(含碳量>0.6%)三类。

2)合金钢

在炼钢中,有意地向钢中引入一定量的某一种或某几种合金元素,如锰、钛、钒、铬、镍等,用以改善钢的某些性质。这种含有一定量合金元素的钢,称为合金钢。按照合金元素的含量多少,合金钢分为低合金钢(合金元素总量<5%)、中合金钢(合金元素总量为5%~10%)、高合金钢(合金元素总量>10%)三类。

在建筑工程中,主要使用的是非合金钢中的低碳钢和中碳钢以及合金钢中的低合金钢。

2.按质量分类

在钢材中,因含有硫、磷、氧、氮、氢等有害杂质,所以降低了钢的质量。根据在钢中杂质含量控制程度的不同,钢可分为普通钢(硫含量≤0.050%、磷含量≤0.045%)、优质钢(硫含量≤0.035%、磷含量≤0.035%)、高级优质钢(硫含量≤0.025%、磷含量≤0.025%)、特级优质钢(硫含量≤0.015%、磷含量≤0.025%)4个等级。高级优质钢的牌号后加“高”字或“A”,特级优质钢钢号后加“E”。建筑工程中常用普通钢,有时也用优质钢。

3.按冶炼时脱氧程度分类

按冶炼时脱氧程度不同,钢材分为沸腾钢(F)、镇静钢(Z)、特殊镇静钢(TZ)。沸腾钢属脱氧不完全的钢,质量较差,但其生产成本低、产量高,可广泛用于一般的建筑工程;镇静钢是脱氧完全的钢,成本较高,但质量好,适用于预应力混凝土或承受冲击荷载等重要结构工程;特殊镇静钢是比镇静钢脱氧程度更充分彻底的钢,其质量最好,适用于特别重要的结构工程。

4.按用途分类

(1)结构钢:用于各类工程结构。

(2)工具钢:用于各种切削工具等。

(3)特殊钢:具有某种特殊物理化学性质的钢,如耐酸钢、耐热钢、不锈钢等。

目前,在建筑工程中,钢结构和钢筋混凝土常用钢种是普通碳素结构钢和普通低合金结构钢。

拓展与提高

识别钢材

观察如图8-5所示钢材,试说出它们的名称和用途。

(a) (b) (c) (d) (e) (f)

图8-5 常用钢材

钢材中的常用化学成分

(1)碳:随着含碳量的增加,强度和硬度提高,但塑性和韧性下降,因此应合理控制钢材中的碳含量。

(2)锰:钢材冶炼中的脱氧剂,但应控制在1.5%以下,含量过高会降低塑性韧性。

(3)硅:钢材冶炼中的脱氧剂,可以增加强度、硬度,但应控制在0.6%以下。

(4)硫:在通常情况下是有害元素,使钢产生热脆性,降低钢的延展性和韧性,在锻造和轧制时造成裂纹。

(5)磷:在一般情况下是有害元素,增加钢的冷脆性,使焊接性能变坏;同时又降低塑性,使冷弯性能变坏。

综上所述,碳、锰、硅归类为钢材中的有益元素,硫和磷归类为钢材中的有害元素。

思考与练习

(一) 填空题

1. 按冶炼时脱氧程度分类，钢可以分为________、________和特殊镇静钢。

2. 随着含碳量的增加，钢材的________和________提高，但________和________下降。

(二) 简答题

1. 什么是建筑钢材？具有哪些特点？

2. 钢材按化学成分不同可分为哪几类？

任务二 掌握建筑钢材的主要技术性能

任务描述与分析

本任务主要学习建筑钢材的两大技术性能(力学性能和工艺性能)以及钢材的冷加工。通过本任务的学习,要求学生掌握建筑钢材拉伸性能技术指标及其意义、建筑钢材的工艺性能及建筑钢材的冷加工方法,同时具备对钢筋进行抽样送检的能力。

知识与技能

(一)力学性能

1.拉伸性能

拉伸是建筑钢材的主要受力形式,由《金属材料 拉伸试验第1部分:室温试验方法》(GB/T 288.1—2010)拉伸试验(图8-6为低碳钢试件拉伸过程模拟图)测定得到屈服强度、抗拉强度和伸长率。低碳钢(软钢)受拉的应力-应变图(图8-7)能够较好地解释这些重要技术指标。

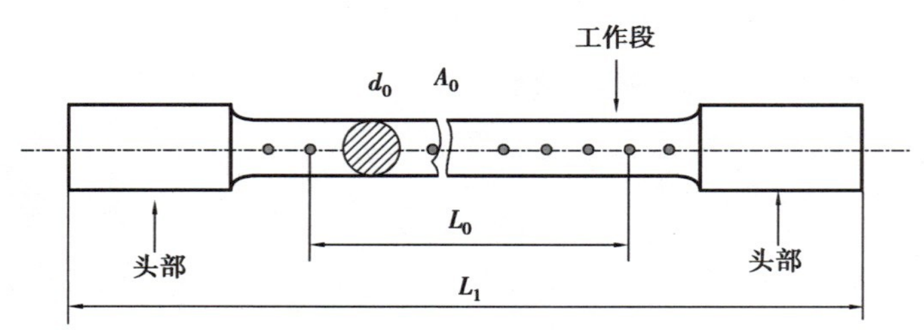

图8-6 低碳钢试件拉伸过程模拟图

低碳钢受拉至拉断,经历了4个阶段。

1)弹性阶段

OB 为弹性阶段,应力与应变成正比。若卸去荷载试件将恢复原状,表现为弹性变形。弹性阶段的应力极限值则称为弹性极限。在 *B* 点对应的应力称为弹性极限,用 σ_p 表示。在 *OB* 线上,应力与应变的比值为一常数,称为弹性模量 E,$E=\sigma/\varepsilon$,它反映了钢材抵抗弹性变形的能力。

2)屈服阶段

BC 为屈服阶段。当应力超过弹性极限后,钢材就失去了抵抗弹性变形的能力,此时应力不增加,应变也会迅速增长,发生了屈服现象,故称 *BC* 阶段为屈服阶段,并将 $C_下$ 点的应力称

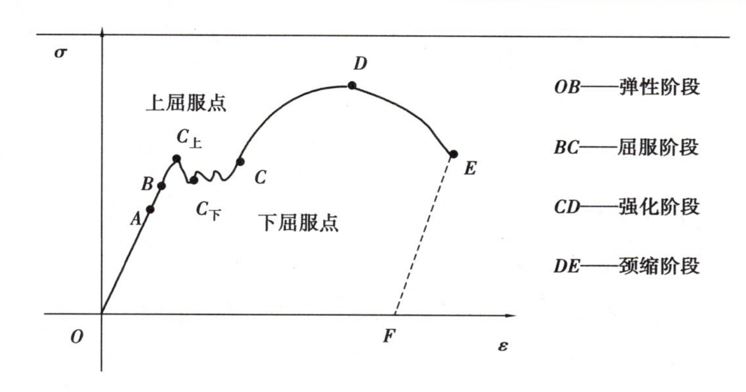

图 8-7　低碳钢(软钢)受拉的应力-应变图

为屈服强度(或称屈服点),用 σ_s 表示。

屈服强度计算公式:

$$\sigma_s = \frac{F_s}{A_0}$$

式中　F_s——屈服阶段的最低荷载值,N;

　　A_0—钢材的横截面积,mm^2。

钢材受力达到屈服点后,会发生较大的塑性变形,导致结构不能满足使用要求,因此在设计中以屈服点作为强度的取值依据。

有些钢材(如高碳钢)强度高、塑性差,拉伸过程无明显屈服阶段,无法直接测定屈服强度。用条件屈服强度 $\sigma_{0.2}$来代替屈服强度。条件屈服强度 $\sigma_{0.2}$是指使硬钢产生 0.2% 塑性变形时的应力。

3)强化阶段

CD 为强化阶段。过 *C* 点后,由于内部晶粒重新排列,其抵抗变形的能力又重新提高。对应 *D* 点的应力称为抗拉强度,用 σ_b 表示。

抗拉强度计算公式:

$$\sigma_b = \frac{F_b}{A_0}$$

式中　F_b——钢材承受的最大荷载值,N;

　　A_0——钢材的原始横截面积,mm^2。

抗拉强度不能直接利用,但屈服强度与抗拉强度的比值(即屈强比),能反映钢材的安全可靠程度和利用率。屈强比越小,表明钢材的安全可靠性越高,但利用率低。屈强比过小,则反映钢材的有效利用率太低,造成浪费。适宜的屈强比应该是在保证安全可靠的前提下,尽量提高钢材的利用率。屈服强度 σ_s 和抗拉强度 σ_b 是衡量钢材强度的两个重要指标。

4)颈缩阶段

DE 为颈缩阶段。当超过 *D* 点后,钢材抵抗变形的能力开始明显降低。变形迅速发展,应力逐渐下降,并在试件的某一部位出现缩颈现象,直至 *E* 点试件被拉断。试件拉断后,将

断裂处对接，测断后标距 L_1(mm)，伸长量($L_1 - L_0$)与原始标距 L_0 之比称为伸长率，以 δ 表示，即

$$\delta = \frac{L_1 - L_0}{L_0} \times 100\%$$

式中 L_0——试件的原始标距，mm；

L_1——试件拉断后的标距，mm。

伸长率是衡量钢材塑性的重要指标。通常以 δ_5 和 δ_{10} 分别表示 $L_0 = 5d_0$ 和 $L_0 = 10d_0$ 时的伸张率。d_0 为试件的原始直径，对于同一种钢材 δ_5 大于 δ_{10}。

2. 冲击韧性

冲击韧性是指在冲击荷载作用下，钢材抵抗破坏的能力。用冲击破断时断口单位面积上所消耗的功，即为钢材冲击韧性值，用 α_k 表示(J/cm^2)。α_k 越大，冲击韧性越好。钢材的冲击韧性值用标准试件(中部加工有 V 形或 U 形缺口)在摆锤式冲击试验机上进行冲击弯曲试验确定，如图 8-8 所示。

钢材的冲击韧性受下列因素影响：

(1)钢材的化学组成与晶体结构。钢材中硫、磷的含量高时，冲击韧性显著降低。细晶粒结构比粗晶粒结构的冲击韧性高。

(2)钢材的轧制、焊接质量。沿轧制方向取样的冲击韧性高；焊接钢件处的晶体组织的均匀程度，对冲击韧性影响大。

(3)环境温度。在较高的温度环境下，冲击韧性值随温度下降而缓慢降低，破坏时呈韧性断裂。当温度降至某一范围时，冲击韧性突然降低很多，钢材会明显变脆，开始发生脆性断裂，这种性质称为低温冷脆性。发生低温冷脆性时的温度(范围)，称为脆性临界温度(范围)。在严寒地区选用钢材时，必须对钢材冷脆性进行评定，此时选用钢材的脆性临界温度应低于环境最低温度。承受动荷载或在低温下工作的结构(如吊车梁、桥梁等)，应按规范要求检验钢材的冲击韧性。

(4)时效。随着时间的进展，钢材机械强度提高，而塑性和韧性降低的现象称为时效。

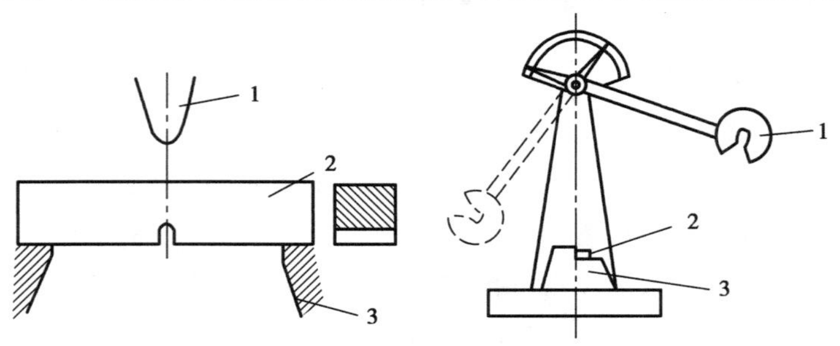

图 8-8 冲击韧性试验示意图

1—摆锤；2—试样；3—支座

(二)工艺性能

1. 冷弯性能

冷弯性能是指钢材在常温下承受弯曲变形的能力,用试验时的弯曲角度 α 以及弯心直径 d 与钢材厚度或直径 a 的比值来表示。钢材的冷弯试验是通过直径为 a 的试件,采用标准规定的弯心直径 $d(d=na, n$ 为整数),弯曲到规定的角度(180°或 90°),检查弯曲处有无裂纹、断裂及起层等现象的试验。若没有这些现象则认为冷弯性能合格。冷弯时的弯曲角度越大,弯心直径 d 与钢材直径(厚度)a 的比值越小,则表示冷弯性能越好,如图 8-9 所示。

冷弯试验对焊接质量也是一种严格的检验,能提示焊接在受弯表面存在的未熔合、微裂纹和杂质。

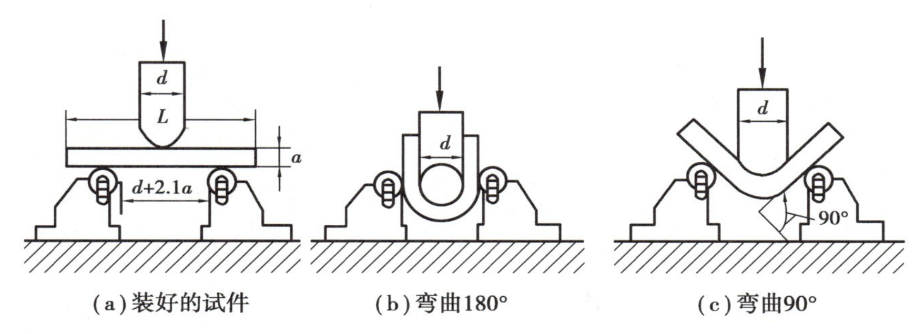

图 8-9　钢筋冷弯试验装置

2. 焊接性能

焊接是钢结构、钢筋、预埋件等的主要连接方式,因此要求钢材具有良好的可焊性。可焊性是指焊接后的焊缝处的性质与母材性质相近。可焊性好的钢材易于用一般焊接方法和工艺施焊。焊口处不易形成裂纹、气孔、夹渣等缺陷。焊口处的强度与母体相近,焊接才牢固可靠。钢材的焊接性能通过焊接接头试件的抗拉试验测定,若断于钢筋母材,且抗拉强度不低于钢筋母材的抗拉强度标准值,则该钢筋的焊接性能合格。

钢材可焊性能的好坏,主要取决于钢的化学成分,即碳及合金元素的含量,建筑材料中使用的钢材,其含碳量最好选择在 0.3% 以下(含碳量大于 0.3% 时,钢材的可焊性显著下降)。有害元素硫、磷也会明显降低钢的可焊性。可焊性较差的钢,焊接时要采取特殊的焊接工艺。

(三)钢材的冷加工强化与时效

1. 冷加工强化

钢材在常温下进行的冷加工(冷拉、冷拔、冷扭、冷轧或刻痕)使其产生塑性变形,而屈服强度得到提高,这个过程称为冷加工强化,又称为冷加工。

冷拉是在常温下将热轧钢筋用冷设备进行强力张拉,应力超过屈服强度,但远小于抗拉强度时卸去荷载的加工方法。冷拉一般可采用控制冷拉率法,预应力混凝土的预应力筋则宜采用控制冷拉应力法。钢筋经冷拉后,一般屈服强度可提高 20% ~25% 。钢材经过冷拉和时效处理后的性能变化如图 8-10(a)所示。

冷拔比冷拉作用强烈,钢筋不仅受拉,而且同时受到挤压作用,如图 8-10(b)所示。经过一次或多次冷拔后得到的冷拔低碳钢丝,其屈服强度可提高 40% ~60%,但失去了软钢的塑性和韧度,而具有硬质钢材的特点。

冷轧是将圆钢在轧钢机上扎成断面形状规则的钢筋,可提高其强度可提高强度 30% ~60% 以及与混凝土间的握裹力,通常有冷轧带肋钢筋和冷轧扭钢筋。

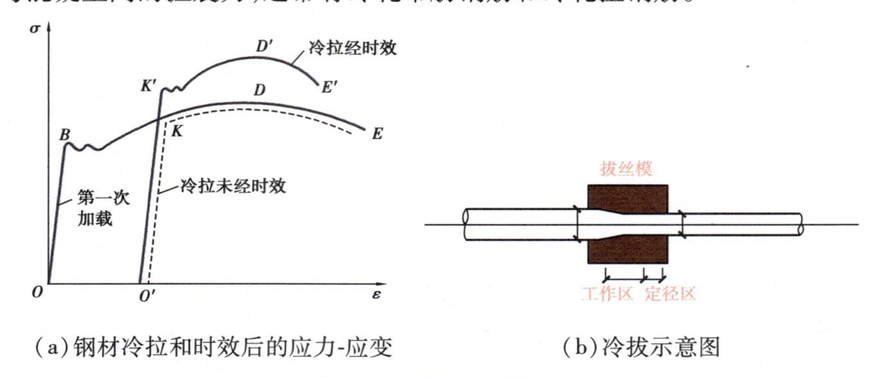

(a)钢材冷拉和时效后的应力-应变　　(b)冷拔示意图

图 8-10　钢筋冷拉和冷拔

产生冷加工强化的原因是:钢材在塑性变形中晶格缺陷增多,发生畸变,对进一步变形起到阻碍作用。因此,钢材的屈服点提高,塑性、韧性和弹性模量下降。

在构件厂中常对钢筋按一定规定进行冷加工,以达到提高强度、简化施工程序(调直、除锈)、增加钢材品种、节约钢材的目的。

2. 冷加工时效

将冷加工处理后的钢筋,在常温下存放 15 ~20 d,或者加热至 100 ~200 ℃后保持一定时间(2 ~3 h),其屈服强度进一步提高,并且抗拉强度也会提高,同时塑性和韧性也进一步降低,弹性模量则基本恢复,这个过程称为时效处理。

时效处理方法有两种:

(1)冷拉后的钢材,时效加快,在常温下存放 15 ~20 d 后,称为自然时效,适合于低强度钢筋;

(2)冷拉后的钢材,立即加热至 100 ~200 ℃后保持一定时间(2 ~3 h),称为人工时效,适合于高强钢筋。

拓展与提高

建筑钢材的抽样送检

1. 进场钢材的检查和验收

钢材的检查和验收由供方质量监督部门进行；需方有权进行检验。

钢材进场后要进行下列机械性能试验：屈服点、抗拉强度、伸长率、冷弯。试验报告除上述数据外，还要注明原质量证明编号、所代表的数据及使用工地或钢材名称。

2. 抽样方法

抽样方法如表 8-1 所示。

表 8-1 建筑钢材抽样方法

种 类	钢筋混凝土用热轧光圆钢筋	钢筋混凝土用热轧带肋钢筋	冷轧带肋钢筋	冷轧扭钢筋
检测项目	1. 屈服点	1. 屈服点	1. 屈服点	1. 抗拉强度
	2. 抗拉强度	2. 抗拉强度	2. 抗拉强度	2. 伸长率
	3. 伸长率	3. 伸长率	3. 伸长率	3. 冷弯试验
	4. 冷弯试验	4. 冷弯试验	4. 冷弯试验	—
取样规定（每批）	≤60 t	≤60 t	≤60 t	≤20 t
取样数量	1. 拉伸：2 根	1. 拉伸：2 根	1. 拉伸：每盘 1 根	1. 拉伸：3 根
	2. 冷弯：2 根	2. 冷弯：2 根	2 冷弯：2 根	2. 冷弯：3 根
试样长度	拉伸试样长度：5 d+(250~300) mm	拉伸试样长度：5 d+(250~300) mm	拉伸试样长度：5 d+(250~300) mm	宜取偶数倍节距（不宜小于 4 倍节距）且不小于 400 mm
	冷弯试件长度：5 d+150 mm	冷弯试件长度：5 d+150 mm	冷弯试件长度：5 d+150 mm	

注：①表中“每批”，指钢筋应按同一牌号、同一外形、同一规格、同一生产工艺、同一进厂试件和同一交货状态组成一个验收批。

②表中规定取 2 根试件的，均应从任意 2 根中分别切取，每根钢筋上切取一个拉力试件、一个冷弯试件。试件应该在钢筋或盘条的任意一端截去 500 mm 后切取。

3. 结果评定

1）拉力试验评定

当拉力试验的任一根试件的屈服点、抗拉强度、伸张率三个指标中有一个指标不符合标准规定时，则应从同一批钢筋中重新加倍随机抽样，进行复检。若试件复检合格，则可判定该批钢筋合格；若仍有一个指标不符合规定（无论这个指标在第一次试验中是否合格），均判定该批钢筋不合格。

2）弯曲试验评定

弯曲试验后弯曲外侧表面如无裂纹、断裂或起层，即判为合格。做冷弯试验的两根试件中，如有一根试件不合格，可取双倍数量试件重新做冷弯试验；第二次冷弯试验中，如仍有一根不合格，即判定该批钢筋不合格。

3）试验结果判定

试验出现下列情况之一者，试验结果无效：

（1）试件断在标距外或断在机械刻画的标距标记上，而且断向伸张率小于规定值；

（2）检测人员操作不当，影响试验结果；

（3）试验记录有误或设备发生故障。

思考与练习

（一）填空题

1. 钢材抵抗冲击荷载的能力称为________。

2. 冷弯检验是按规定的________和________进行弯曲后，检查试件弯曲处外面及侧面，若不发生断裂、裂缝或起层等现象，即认为冷弯性能合格。

3. 在常温下，钢材经拉、拔或轧等加工，使其产生塑性变形，而调整其性能的方法称为________。

（二）名词解释

1. 弹性模量

2. 屈服强度

3. 钢材的冷加工

4. 时效

5. 自然时效、人工时效

(三)简答题

1. 为何说屈服点、抗拉强度和伸长率是建筑用钢材的重要技术性能指标?

2. 钢材的冷加工与钢材的冷弯有何区别?

3. 钢材的冷加工强化有何作用?

任务三 建筑钢材的选用

任务描述与分析

本任务主要内容为建筑常用钢的概述以及建筑工程中钢筋混凝土结构和钢结构用钢的选用。学生应在掌握本模块中任务一、二知识的基础上进行学习。通过本任务的学习,要求学生能够根据具体工程环境正确合理的选用建筑钢材。

知识与技能

建筑工程中的钢材可分为钢筋混凝土用钢和结构用钢两大类,应根据结构的重要性、荷载性质(动荷载或静荷载)、连接方法(焊接或铆接)、温度条件等,综合考虑钢材的种类和牌号、质量等级和脱氧程度等来选用,以保证结构的安全。

(一)建筑常用钢

1. 碳素结构钢的牌号表示方法

碳素结构钢的牌号由代表屈服强度的字母、屈服强度数值、质量等级及脱氧方法符号 4 个部分按顺序组成。各字母代表的意义如下:

(1)Q——钢的屈服强度的"屈"字的汉语拼音首字母;

(2)A,B,C,D——分别为质量等级;

(3)F——沸腾钢"沸"字的汉语拼音首写字母;

(4)Z——镇静钢"镇"字的汉语拼音首写字母;

(5)TZ——特殊镇静钢"特镇"两字的汉语拼音首字母。

在牌号的组成表示中"Z"与"TZ"符号可以省略。

例如:Q235AF 表示标准屈服强度不小于 235 MPa 的 A 级沸腾钢。

2. 碳素结构钢的技术要求

根据《碳素结构钢》(GB/T 700—2006)中的规定,碳素结构钢的技术性质包括化学成分、力学性能、冷弯性能、冶炼方法、交货状态和表面质量。

3. 碳素结构钢的用途

(1)Q195——强度不高,塑性、韧性、加工性较好,主要用于轧制薄板或盘条等。

(2)Q215——与 Q195 基本相同,其强度稍高,大量用作管坯、螺栓等。

(3)Q235——强度适中,有良好的承载性,又具有较高的塑性和韧度,可焊性和可加工性也较好,是钢结构常用的牌号,大量用于制作成钢筋、型钢和钢板,用于建造房屋和桥梁等。

(4)Q275——强度、硬度高,耐磨性好,但塑性、冲击韧性和可焊性差,不宜在建筑结构中使用。

4. 优质碳素结构钢

优质碳素结构钢一般以热轧状态供应,硫、磷等杂质的含量比普通碳素结构钢少,其他缺陷限制也较严格,所以性能较好,质量稳定。

优质碳素结构钢的牌号用两位数字表示,它表示钢中平均含碳量的万分数。如 45 号钢,表示钢中平均含碳量为 0.45%。数字后若有"锰"字或"Mn",表示属于较高锰含量的钢;否则,表示普通锰含量钢。

在建筑工程中,15 ~ 25 号钢主要用于制造受力不大、韧度较高的结构构件和零件,如螺母、螺钉等;30 ~ 45 号钢主要用于重要结构的钢铸件和高强度螺栓等;45 号钢主要用于预应力混凝土锚具;65 ~ 80 号钢主要用于生产预应力混凝土用的钢丝和钢绞线。

(二)钢筋混凝土结构用钢的选用

混凝土具有较高的抗压强度,但抗拉强度很低。用钢筋来增加混凝土强度,可大大扩展混凝土的应用范围,混凝土的弱碱性环境又对钢筋起保护作用。用于钢筋混凝土结构用钢筋,主要由碳素结构钢和优质碳素结构钢制成,包括热轧钢筋、冷轧扭钢筋和冷轧带肋钢筋、预应力混凝土用钢丝和钢绞线等。

1. 热轧钢筋

热轧钢筋(图 8-11)是经热轧成型并自然冷却的成品钢筋。按供货方式分为直条钢筋和盘圆钢筋;按外形分为光圆钢筋和带肋钢筋;按强度分为Ⅰ级钢筋、Ⅱ级钢筋、Ⅲ级钢筋和Ⅳ级钢筋。

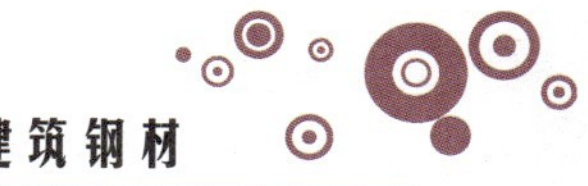

(a)热轧光圆

(b)热轧带肋钢筋

图 8-11　热轧钢筋

根据《钢筋混凝土用钢　第 1 部分:热轧光圆钢筋》(GB 1499.1—2008)中的规定,热轧光圆钢筋应符合表 8-2 和表 8-3 的规定。

根据《钢筋混凝土用钢　第 2 部分:热轧带肋钢筋》(GB 1499.2—2007)中的规定,热轧带肋钢筋应符合表 8-4 和表 8-5 的规定。

表 8-2　热轧光圆钢筋牌号的构成及含义

产品名称	牌　号	牌号构成	英文字母含义
热轧光圆钢筋	HPB300	由 HPB + 屈服强度特征值构成	HPB 为热轧光圆钢筋的英文缩写

注:H——热轧;P——光圆;B——钢筋。

表 8-3　热轧光圆钢筋的力学和冷弯性能

钢筋牌号	力学性能			冷弯性能 180°
	下屈服强度 /MPa	抗拉强度 /MPa	断后伸张率 δ/%	d——弯心直径 a——钢筋公称直径
HPB300	≥300	≥420	≥25	$d=a$

表 8-4　热轧带肋钢筋牌号的构成及其含义

类　别	牌　号	牌号构成	英文字母含义
普通热轧钢筋	HRB400	由 HRB + 屈服强度特征值构成	HRB——热轧带肋钢筋的英文(Hot rolled Ribbed Bars)编写。 E——“地震”的英文(Earthquake)首位字母
	HRB500		
	HRB600		
	HRB400E	由 HRB + 屈服强度特征值 + E 构成	
	HRB500E		

续表

类别	牌号	牌号构成	英文字母含义
细晶粒热轧钢筋	HRBF400	由 HRBF + 屈服强度特征值构成	HRBF——在热轧带肋钢筋的英文编写后加“细”的英文(Fine)首位字母。 E——“地震”的英文(Earthquake)首位字母
	HRBF500		
	HRBF400E	由 HRBF + 屈服强度特征值 + E 构成	
	HRBF500E		

表 8-5 热轧带肋钢筋的力学和冷弯性能

钢筋牌号	力学性能			冷弯性能 180°	
	下屈服强度/MPa	抗拉强度/MPa	断后伸长率/%	公称直径 d/%	弯心直径
HRB400 HRBF400	≥400	≥540	≥16	6 ~ 25	$4d$
				28 ~ 40	$5d$
HRB400E HRBF400E			—	> 40 ~ 50	$6d$
HRB500 HRBF500	≥500	≥630	≥15	6 ~ 25	$6d$
				28 ~ 40	$7d$
HRB500E HRBF500E			—	> 40 ~ 50	$8d$
HRB600	≥600	≥730	≥14	6 ~ 25	$6d$
				28 ~ 40	$7d$
				> 40 ~ 50	$8d$

2. 冷轧扭钢筋

冷轧扭钢筋(图 8-12)是以热轧 Ⅰ 级盘圆钢筋为原料,经专用生产线,先冷轧扁,再冷扭转,从而形成系列螺旋状直条钢筋。

冷轧扭钢筋具有良好的塑性($\delta_{10} \geq 4.5\%$)和较高的抗拉强度($\sigma_b \geq 580$ MPa)。其螺旋状外形大大提高了与混凝土的握裹力,改善了构件受力性能,使混凝土构件具有承载力高、刚度好、破坏前有明显预兆等特点。此外,冷轧扭钢筋还可按工程需要定尺供料,使用中不需再做弯钩;钢筋的刚性好,绑扎后不易变形和移位,对保证工程质量极为有利,特别适用于现浇板类工程。

3. 冷轧带肋钢筋

冷轧带肋钢筋是用热轧盘条经多道冷轧后,在其表面带有沿其长度均匀分布的三面或二面横肋的钢筋,如图 8-13 所示。冷轧带肋钢筋的牌号由“CRB”和钢筋的抗拉强度最小值构成,分为 CRB550、CRB650、CRB800、CRB970 共 4 个牌号。

图 8-12　冷轧扭钢筋

图 8-13　冷轧带肋钢筋

根据《冷轧带肋钢筋》(GB 13788—2008)中的规定,冷轧带肋钢筋应符合表 8-6 的规定。

表 8-6　冷轧带肋钢筋的力学和工艺性能

<table>
<tr><th rowspan="2">钢筋牌号</th><th rowspan="2">屈服强度/MPa</th><th rowspan="2">抗拉强度/MPa</th><th colspan="2">伸长率/%</th><th rowspan="2">弯曲试验 180°
D——弯心直径
d——钢筋公称直径</th><th rowspan="2">反复弯曲次数</th></tr>
<tr><th>δ_{10}</th><th>δ_{100}</th></tr>
<tr><td>CRB550</td><td>≥500</td><td>≥550</td><td>≥8.0</td><td>—</td><td>$D=3d$</td><td>—</td></tr>
<tr><td>CRB650</td><td>≥585</td><td>≥650</td><td>—</td><td rowspan="3">≥4.0</td><td>—</td><td rowspan="3">≥3</td></tr>
<tr><td>CRB800</td><td>≥720</td><td>≥800</td><td>—</td><td>—</td></tr>
<tr><td>CRB970</td><td>≥875</td><td>≥970</td><td>—</td><td>—</td></tr>
</table>

注:C——冷轧;R——带肋;B——钢筋。

冷轧带肋钢筋由于表面带肋,提高了钢筋与混凝土之间的黏结力,是一种比较理想的预应力钢材。CRB550 级号宜用作钢筋混凝土结构的受力主筋、架立筋、箍筋和构造筋。其他牌号宜用作预应力混凝土结构构件中的主筋。冷轧带肋钢筋的钢筋混凝土结构不宜在温度低于 -30 ℃时使用。

4. 预应力混凝土用钢丝和钢绞线

1）预应力混凝土用钢丝

预应力混凝土用钢丝（图 8-14）的质量稳定、安全可靠、强度高、无接头，施工方便，主要用于大跨度的屋架、薄腹梁、吊车梁或桥梁等大型预应力混凝土构件，还可用于轨枕、压力管道等预应力混凝土构件。

2）预应力混凝土用钢绞线

钢绞线是用 2，3 或 7 根钢丝在绞线机上，经绞捻后，再经低温回火处理而成，如图 8-15 和图 8-16 所示。

钢绞线具有强度高、与混凝土黏结好、断面面积大、使用根数少、在结构中排列布置方便、易于锚固等优点，主要用于大跨度、大荷载的预应力屋架、薄腹梁等构件。

图 8-14 预应力混凝土用钢丝

图 8-15 钢绞线

图 8-16 钢绞线施工

(三)钢结构用钢的选用

1. 热轧型钢

钢结构常用的热轧型钢有工字钢、槽钢和角钢等。

工字钢广泛应用于各种建筑结构和桥梁,主要用于承受横向弯曲的杆件。

槽钢可用作承受轴向力的杆件、承受横向弯曲的梁。

角钢主要用作承受轴向力的杆件和支撑杆件,也可作为构件间的连接零件。

2. 钢管

钢管多用于制作桁架和钢管混凝土等,广泛应用于高层建筑、厂房柱、压力管道等工程。

3. 钢板

钢板分厚板(厚度 >4 mm)和薄板(厚度 ≤4 mm)两种。厚板主要用于结构,薄板主要用于屋面、楼板和墙板等。在结构中,单块钢板不能独立工作,必须用几块板组合成工字形、箱形等结构来承受荷载。

拓展与提高

钢筋焊接网

钢筋焊接网(图 8-17)是通过专用设备在工厂加工,由纵向和横向钢筋十字交叉通过绑扎或焊接制作而成的网片。钢筋焊接网是一种代替传统人工制作、绑扎的新型、高效优质的钢筋混凝土结构用建筑钢筋,是住房和城乡建设部重点推广应用 10 项新技术内容之一。

钢筋焊接网既可用于制作钢筋混凝土预制构件,也可用于现浇混凝土结构。它大量用于工业与民用建筑的墙板、楼板、屋面板等,如混凝土路面、桥面铺装等。

图 8-17　钢筋焊接网

重庆千厮门嘉陵江大桥

重庆千厮门嘉陵江大桥(图 8-18)长 720 m,起于重庆市渝中区,在洪崖洞旁跨越嘉陵江到达江北区,并在渝中半岛通过连接隧道与东水门长江大桥北岸桥台相接,为跨江公路和轨道交通两用桥。通车后,从江北嘴到渝中区沧白路仅需几分钟。工程于 2009 年底动工修建,历时 5 年半建设,千厮门嘉陵江大桥于 2015 年 4 月 29 日零时正式通车。

大桥桥面是由 45 节钢桁梁节间构成,2014 年 11 月 29 日大桥钢桁梁成功合龙,桥面连成了一个整体。

图 8-18 重庆千厮门嘉陵江大桥

大桥主塔高 182 m,桥塔是重庆桥梁首次采用的天梭形(两头小、中间大),流线形,像一把织布的梭子,线条柔美,主塔上的一排斜拉索则像一把竖琴的琴弦。主塔是现代的银灰色,拉索则是明快的橙色。大桥上共有 10 对固定拉索,还有 2 根临时拉索,每根直径 37.5 cm,相当于家用脸盆盆口那么粗。最长一对斜拉索长 540 m、重 80 t,最短的一对也有 200 m 左右长、重 20 t,单根斜拉索承重力可达 1 405 t。斜拉索的承重力为何这么大?原来,每根拉索都由 139 根直径 15 mm 左右的钢绞线组成,非常结实。

思考与练习

(一)填空题

Q235-B 中,Q235 表示________,B 表示________。

(二)简答题

1. 简述碳素结构钢的牌号表示方法。

2. 冷轧扭钢筋具有哪些优点？

3. 建筑钢材的选用用应考虑哪些因素？

4. 分别说出 HPB300、HRB400、CRB650 的含义。

考核与鉴定八

(一) 单项选择题

1. 高级优质钢的钢号后加“高”字或(　　)。

A.“A”　　B.“B”　　C.“C”　　D.“G”

2. 含碳量小于(　　) 的铁碳合金钢,称为碳素钢。

A. 1%　　B. 2%　　C. 3%　　D. 4%

3. 钢材的屈强比越小,则结构的可靠性(　　)。

A. 越低　　B. 越高　　C. 不变　　D. 不一定

4. 伸张率是衡量钢材(　　)的重要指标。

A. 塑性　　B. 韧性　　C. 强度　　D. 硬度

5. 在低碳钢的应力应变图中,有线性关系的是(　　)阶段。

A. 弹性阶段　　B. 屈服阶段　　C. 强化阶段　　D. 颈缩阶段

6. 钢材伸长率 δ_{10} 表示(　　)。

A. 直径为 10 mm 钢材的伸长率

B. 10 mm 的伸长

C. 标距为 10 倍钢筋直径时的伸长率

7. 钢材抵抗冲击荷载的能力称为(　　)。

A. 塑性　　B. 冲击韧性　　C. 弹性　　D. 硬度

8. 甲、乙两钢筋直径相同,所做冷弯试验的弯曲角相同,甲的弯心直径较小,则两钢筋的冷弯性能(　　)。

A. 甲较好　　B. 乙较好　　C. 相同　　D. 不一定

9.（　　）强度适中，有良好的承载性，是钢结构常用的牌号。

A. Q195　　B. Q215　　C. Q235　　D. Q275

10. 普通碳素结构钢随钢号的增加，钢材的（　　）。

A. 强度增加、塑性增加　　B. 强度降低、塑性增加

C. 强度降低、塑性降低　　D. 强度增加、塑性降低

11. 一钢材试件，直径为 25 mm，原标距为 125 mm，做拉伸试验，当屈服点荷载为 201.0 kN，达到最大荷载为 250.3 kN，拉断后测的标距长为 138 mm。

(1)该钢筋的屈服强度为（　　）MPa。

A. 377.2　　B. 398.6　　C. 409.7　　D. 431.1

(2)该钢筋的抗拉强度为（　　）MPa。

A. 434.7　　B. 476.6　　C. 499.3　　D. 510.2

(3)该钢筋的伸长率为（　　）。

A. 8.6%　　B. 10.4%　　C. 11.5%　　D. 13.2%

(二)多项选择题

1. 下列可以改善钢材性能的元素有（　　）。

A. 硫　　B. 钛　　C. 钒　　D. 磷

2. 钢按冶炼时脱氧程度可分为（　　）。

A. 沸腾钢　　B. 镇静钢　　C. 半镇静钢　　D. 特殊镇静钢

3. 建筑钢材的工艺性能主要包括（　　）。

A. 冷拉　　B. 冷轧　　C. 冷弯　　D. 可焊性

4. 经冷拉时效处理的钢材，其特点是（　　）进一步提高，（　　）进一步降低。

A. 塑性　　B. 韧性　　C. 屈服点　　D. 抗拉强度

E. 弹性模量

5. 下列属于冷轧扭钢筋优点的是（　　）。

A. 具有良好的塑性和较高的抗拉强度

B. 其螺旋状外形大大提高了与混凝土的握裹力

C. 可按工程需要定尺供料，使用中不需再做弯钩

D. 钢筋的刚性好，绑扎后不易变形和移位，对保证工程质量极为有利，特别适用于现浇板类工程

6. 下列属于衡量钢材力学性能的重要指标的是（　　）。

A. 屈服强度　　B. 抗拉强度　　C. 伸长率　　D. 可焊性

7. 建筑钢材经过冷加工，其（　　）性能降低。

A. 屈服强度　　B. 塑性　　C. 韧性　　D. 以上均不对

8. 低碳钢受拉至拉断，经历了（　　）阶段。

A. 弹性阶段　　B. 屈服阶段　　C. 强化阶段　　D. 劲缩阶段

9. 钢材可焊性能的好坏，主要取决于钢的（　　）。

A. 碳的含量　　B. 合金元素的含量　　C. 硫的含量　　D. 磷的含量

10. 建筑钢材的选用，应根据（　　）等来选用，以保证结构的安全。

A. 结构的重要性　　B. 荷载性质　　C. 链接方式　　D. 钢种或钢号

11. 碳素结构钢的牌号由(　　)按顺序组成。

A. 代表字母“Q”　　B. 屈服强度数值　　C. 质量等级　　D. 脱氧方法符号

(三)判断题

1. 钢材最大的缺点是易腐蚀。(　　)
2. 建筑钢材按化学成分可分为碳素钢和合金钢。(　　)
3. 按照合金元素的含量多少,合金钢分为低合金钢和中合金钢。(　　)
4. 钢材的化学成分中,S、P、O 为有害元素。(　　)
5. 弹性模量 E 反映了钢材抵抗弹性变形的能力。(　　)
6. 在设计中以极限抗拉强度作为强度的取值依据。(　　)
7. 冷弯时的弯曲角度越大,弯心直径越大,表示冷弯性能越好。(　　)
8. 冷拉比冷拔作用强烈,钢筋不仅受拉,而且同时受到挤压作用。(　　)
9. 钢筋经冷拉后,强度和塑性均可提高。(　　)
10. 在构件厂中常对钢筋按一定规定进行冷加工,以达到提高强度节约钢材的目的。(　　)
11. 钢筋混凝土结构主要是利用混凝土受拉、钢筋受压的特点。(　　)
12. 热轧钢筋主要包括光圆钢筋和带肋钢筋两类。(　　)
13. 冷轧带肋钢筋的钢筋混凝土结构适宜在温度低于 -30 ℃时使用。(　　)
14. 冷轧带肋钢筋的牌号由“CRB”和钢筋的抗拉强度最小值构成。(　　)
15. 15 ~25 号钢主要用于重要结构的钢铸件和高强度螺栓等。(　　)

模块九　装饰材料

建筑装饰材料，一般是指在主体结构工程完成后进行室内外墙面、顶棚与地面的装饰、装修所需要的材料，是集功能性和艺术性于一体的工业制品。装饰材料的主要作用是美化建筑外观，为人们创造优美建筑空间和生活环境，并兼有防护及其他功能。装饰材料的应用，对提高人们生活品质有着重要作用。本模块共有三个任务，即了解装饰材料的定义与分类、掌握常用装饰材料的性能、掌握建筑装饰材料的选用。

学习目标

（一）知识目标

1. 能熟记装饰材料的定义；
2. 能掌握装饰材料的分类方式及种类；
3. 能掌握常用装饰材料的性能。

（二）技能目标

1. 初步能根据装饰材料的外观判断材料的质量；
2. 能根据不同装饰材料的性能选用适当的材料。

（三）职业素养目标

1. 具有遵章守纪和安全生产的基本理念；
2. 养成团结协作的工作作风。

任务一　了解装饰材料的定义与分类

任务描述与分析

本任务主要内容为装饰材料的定义以及根据分类方式的不同装饰材料的分类。通过本任务的学习，学生应了解装饰材料的基本定义，能根据不同的分类方式正确地识别不同的装饰材料。在建筑工程中对装饰材料有基本的认识和理解。

知识与技能

(一)建筑装饰材料的定义

建筑装饰材料，又称建筑饰面材料，是指铺设或涂装在建筑物表面起装饰和美化环境作用的材料。建筑装饰材料是集材料、工艺、造型设计、美学于一身的材料，它是建筑装饰工程的重要物质基础。

(二)装饰材料的分类

装饰材料有三种分类方法：

- 按化学性能
  - 无机装饰材料
    - 金属装饰材料
    - 非金属装饰材料
  - 有机装饰材料
- 按建筑物装饰部位
  - 地面装饰材料
  - 内外墙装饰材料
  - 吊顶装饰材料
- 按材料材质的不同
  - 建筑装饰石材
  - 建筑装饰涂料
  - 建筑装饰板材

下面主要根据建筑装饰部位的不同介绍几种常用的装饰材料。

1. 地面装饰材料

1)天然大理石和天然花岗岩

大理石(图9-1)原指产于云南省大理的白色带有黑色花纹的石灰岩，剖面可以形成一幅天然的水墨山水画，古代常选取具有成型的花纹的大理石用来制作画屏或镶嵌画，后来“大理石”这个名称逐渐发展成称呼一切有各种颜色花纹的，用来作建筑装饰材料的石灰岩。

花岗岩(图9-2)是火成岩的一种，在地壳上分布最广，是岩浆在地壳深处逐渐冷却凝结成的结晶岩体,主要成分是石英、长石和云母,颜色一般是黄色带粉红的,也有灰白色的,质地坚硬、色泽美丽,是很好的建筑材料。

图 9-1 大理石

图 9-2 花岗岩

2)水磨石

水磨石(图 9-3),也称高亮水磨石、晶魔石,是将碎石拌入水泥制成混凝土制品后表面磨光的制品。

3)木地板

木地板(图 9-4)是指用木材制成的地板,中国生产的木地板主要分为实木地板、强化木地板、实木复合地板、多层复合地板、竹材地板和软木地板六大类。

随着时代的发展进步,出现了许多新型的地面装饰材料,这些地面装饰材料有木纤维地板、塑料地板 、软瓷外墙砖 、陶瓷锦砖等。

图 9-3 水磨

图 9-4 木地板

2. 墙体装饰材料

墙体装饰材料常用的有乳胶漆、壁纸、墙面砖、涂料、饰面板、塑料护角线、金属装饰材料、墙布、墙毡等。

1)釉面砖

釉面砖(图 9-5),就是砖的表面经过烧釉处理的砖。根据光泽的不同,釉面砖可分为光面釉面砖和哑光釉面砖;根据原材料的不同,釉面砖又可分为陶质釉面砖和瓷质釉面砖。

2）乳胶漆

乳胶漆（图 9-6），诞生于 20 世纪 70 年代中下期，是以丙烯酸酯共聚乳液为代表的一类合成树脂乳液涂料。在我国，人们习惯上把合成树脂乳液为基料，以水为分散介质，加入颜料、填料（亦称体质颜料）和助剂，经一定工艺过程制成的涂料，称为乳胶漆，也称为乳胶涂料。

3）壁纸

壁纸（图 9-7），也称为墙纸，它是一种应用相当广泛的室内装修材料。壁纸是用于裱糊房间内墙面的装饰性纸张或布。墙布和壁纸属同一个概念。习惯上把以纺织物作表面材质的墙布（壁布）也归入墙纸类产品。因此，广义的墙纸概念包括墙纸（壁纸）和墙布（壁布）。

4）饰面板

饰面板（图 9-8），全称是装饰单板贴面胶合板，是将天然木材或科技木刨切成一定厚度的薄片，黏附于胶合板表面，然后热压而成的一种用于室内装修或家具制造的表面材料。饰面板采用的材料有石材、瓷板、金属、木材等。

图 9-5

图 9-6

图 9-7

图 9-8

3. 吊顶装饰材料

1)铝扣板

铝扣板(图 9-9),是一种特殊的材质,质地轻便耐用,被广泛运用于家装吊顶中,具有多种优良特性,既能达到很好的装饰效果,又具备多种功效,因此深受消费者的欢迎。其常用形状有长形、方形等,表面有平面和冲孔两种,其产品主要分为喷涂、滚涂、附膜三种。

2)PVC 扣板

PVC 扣板吊顶材料(图 9-10),是以聚氯乙烯树脂为基料,加入一定量抗老化剂、改性剂等助剂,经混炼、压延、真空吸塑等工艺而制成的。

3)石膏板

石膏板(图 9-11),是以石膏为主要材料,加入纤维、黏结剂、改性剂,经混炼压制、干燥而成,是当前着重发展的新型轻质板材之一。

图 9-9

图 9-10

图 9-11

拓展与提高

新型装饰材料

随着科学技术的不断发展和人类生活水平的不断提高,建筑装饰向着环保化、多功能、高强轻质化、成品化、安装标准化、控制智能化的新型装饰材料方向发展。新型装饰材料大大降低了生产工人的劳动强度,彻底改变了以往的立模、平模浇筑成型带来的诸如模具使用量大、周转率低、需电加热或蒸汽加热、产品种类单一、隔声和保温效果不能满足市场要求的缺陷。新型装饰材料的特点:生产原料来源广,没有地区局限性;生产工艺简单,设备自动化程度高,劳动强度低,流水线作业,生产过程无噪声及三废排放;生产能耗低,不需高温、高压,利用化学反应自身释放热量,达到生产工艺要求;产品无毒、无害、无污染、无放射性,属绿色环保新型节能建材。

思考与练习

(一)填空题

1. 装饰材料按照化学性能分为________和________。

2. 建筑装饰石材和建筑装饰板材是根据________而划分的。

(二)简答题

1. 什么是装饰材料？

2. 装饰材料是如何分类的？

任务二　掌握常用装饰材料的性能

任务描述与分析

本任务的主要内容为建筑工程中常用装饰材料的性能,包含了常用装饰的优缺点。通过本任务的学习,学生应该掌握建筑工程中常用装饰材料的基本特性,能在以后的实际工程中得以正确运用。

知识与技能

(一)建筑玻璃

在建筑工程中,玻璃是一种重要的装饰材料。它具有透光、透视、隔声、隔热等基本特性之外,还具备艺术装饰效果。一些特殊玻璃还有吸热、保温、防辐射等特性。

1. 普通平板玻璃

普通平板玻璃是建筑上使用量最大的一种玻璃,具有表面平整、厚度公差小、无波筋等优点。普通平板玻璃的厚度为 2 ~ 12 mm,具有良好透光性、较高的化学稳定性和耐久性,但韧性小、抗冲击强度低、易破碎等特点,主要用于装配门窗,起透光、挡风雨、保温、隔声等作用。

2. 安全玻璃

安全玻璃包括钢化玻璃、夹丝玻璃、夹层玻璃,其主要特性是力学强度较高,抗冲击能力较好。被击碎时,碎块不会飞溅伤人,并有防火的功能,主要用于有特殊安全要求的门窗、隔墙、工业厂房的天窗等工程。

3. 保温隔热玻璃

保温隔热玻璃包括吸热玻璃、热反射玻璃、中空玻璃等,具有良好的保温隔热功能,如吸热玻璃能吸收大量红外线辐射和太阳紫外线,保温隔热玻璃在建筑上主要起装饰作用,除用于一般门窗外,常作为幕墙玻璃。

(二)建筑陶瓷

1. 釉面砖

釉面砖(又称瓷砖、内墙面砖)具有强度高、防潮、抗冻、耐酸碱、抗急冷急热、易清洗等优良性能,主要用作厨房、浴室、卫生间、实验室、精密仪器车间及医院等室内墙面、台面等的饰面材料,既清洁卫生,又美观实用。

2. 墙地砖

墙地砖是以优质陶土原料加入其他材料配成生料,经半干压成型后于 1 100 ℃左右焙烧而成,分有釉和无釉两种。有釉的称为彩色釉面陶瓷墙地砖,无釉的称为无釉墙地砖。

墙地砖质地密实,强度高,吸水率小,热稳定性、耐磨性及抗冻性均较好,主要用于建筑物外墙贴面和室内外地面装饰铺贴。

3. 陶瓷锦砖

陶瓷锦砖是边长小于 40 mm 的陶瓷砖板,旧称马赛克或铺地瓷砖。陶瓷锦砖过去仅用于铺地,现在也用于外墙或内墙的贴面。

陶瓷锦砖具有色泽明净、图案美观、质地坚实、抗压强度高、耐污染、耐腐蚀、耐磨、耐水、抗火、抗冻、不吸水、不滑、易清洗等特点,适用于工业建筑的洁净车间、化验室以及民用建筑的餐厅、厨房、浴室的地面铺装等,也作为高级建筑物的外墙饰面材料。

4. 琉璃制品

琉璃制品表面色彩鲜艳、光亮夺目、质地坚密、造型古朴典雅,经久耐用,是我国特有的建筑艺术制品之一,主要用于建造纪念性仿古建筑以及园林建筑中的亭、台、楼阁等。

(三)建筑涂料

建筑涂料由以下成分组成:主要成膜物质(基料、黏结剂及固着剂)、次要成膜物质(颜料及填料)、溶剂(稀释剂)及辅助材料(助剂)组成。

建筑涂料有多种分类方法:按涂层使用的部位分为外墙涂料、内墙涂料、地面涂料、顶棚涂料和屋面涂料等;按涂膜厚度分为薄涂料、厚涂料、砂粒状涂料(彩砂涂料);按主要成膜物质分为有机涂料、无机涂料、有机无机复合涂料;按涂料所使用的稀释剂分为以有机溶剂作稀释剂的溶剂型涂料和以水作稀释剂的水性涂料;按涂料使用的功能分为防火涂料、防水涂料、防霉涂料、防结露涂料等。

1. 墙体涂料

1)内墙涂料

内墙涂料的主要功能是装饰及保护内墙墙面、顶棚。

内墙涂料具有以下特点:色彩丰富、细腻、协调;耐碱、耐水性好,且不易粉化;透气性、吸湿排湿性好;涂刷方便,重涂性好。

常用的内墙涂料有改性聚乙烯醇内墙涂料、聚醋酸乙烯乳液内墙涂料、乙丙有光乳胶漆。

2）外墙涂料

外墙涂料的功能主要是美化建筑和保护建筑物的外墙面。

外墙涂料具有以下特点：装饰效果好；耐水性、耐候性、耐污染性好；施工及维修容易，价格适中。

常用的外墙涂料有过氯乙烯外墙涂料、氯化橡胶外墙涂料、丙烯酸酯外墙涂料、聚氨酯系外墙涂料、水溶性氯磺化聚乙烯涂料、乙丙乳液涂料、氯-醋-丙三元共聚乳液涂科、丙烯酸乳液涂料等。

2. 地面涂料

地面涂料的主要功能是装饰与保护室内地面。它的特点是耐磨性、耐碱性、耐水性、抗冲击性好，施工方便，价格合理。

（四）建筑饰面石材

1. 大理石

大理石结构致密，具有抗压强度高，装饰性好，吸水率小，耐磨性、耐久性好，抗风化性差等特点。天然大理石为高级饰面材料，适用于纪念性建筑、大型公共建筑的室内墙面、柱面、地面、楼梯踏步等。天然大理石的主要化学成分为碱性物质 $CaCO_3$，板材的光泽易被酸雨以及空气中酸性氧化物（如 CO_2、SO_3 等）遇水形成的酸类侵蚀，从而失去表面光泽，甚至出现斑点等现象，故不宜用作室外装饰。

2. 花岗岩

花岗岩装饰性好、坚硬密实，具有耐磨性、耐久性好，孔隙率小，吸水率小，抗风化性强，抗酸腐蚀性好，耐火性差等特点。在现代建筑中，花岗岩多用作室内外墙面、地面、柱面、踏步等。

花岗石属酸性岩石，SiO_2 含量很高，一般为 67% ~75%。花岗石的主要矿物成分为石英（化学成分为 SiO_2）、长石、少量的云母及暗色矿物。因石英在 573 ℃和 870 ℃的高温下石英均会发生晶态转变，产生体积膨胀，故火灾会对花岗石造成严重破坏。

经检验证明，绝大多数的天然石材中所含放射物质甚微，不会对人体造成任何危害。但放射性水平超过限值的花岗石和大理石产品不得用于装饰，特别是室内装饰。

（五）木质装饰材料

木材具有轻质高强、易加工、弹性较高、热容量大、导热性能低、装饰性好、易燃烧、易腐蚀等特点。目前，木材作为结构用材已日渐减少，主要作为装饰用材。木质装饰材料包括木地板和室内木质装饰板材。

（六）金属装饰材料

金属装饰材料具有不易磨损、耐腐蚀、易加工等特性。在建筑工程中，金属材料可用于建筑结构、门窗、五金、吊顶、隔墙、屋面防水和室内外装饰等。

(七)壁纸、墙布、地毯

壁纸和墙布因色彩丰富,质感多样,图案装饰性强,吸声、隔热、防菌、防霉、耐水,维护保养简单,用旧后更新容易,且有高、中、低品种供选择,因此是目前使用广泛的内墙装饰材料。其主要品种有玻璃纤维墙布、无防贴墙布、化纤装饰墙布、塑料壁纸、织物壁纸、纯棉装饰墙布、锦缎墙布等。

地毯是一种有着悠久历史的室内装饰制品。地毯既有隔热、挡风、防潮、防噪声与柔软舒适等优良性能,又具有高雅、华贵与美观悦目的审美价值。在豪华型建筑中,地毯是不可缺少的装饰材料,其极好的装饰性、工艺性与欣赏性使其获得"室内装饰皇后"之美称。

地毯的分类方法众多,以地毯的材质可分为纯毛地毯、化纤地毯、混纺地毯、塑料地毯、丝毯、橡胶绒地毯和植物纤维地毯等;按编织工艺可分为手工编织地毯、无纺地毯和簇绒地毯。

(八)玻璃幕墙

玻璃幕墙是现代建筑的重要组成部分。其优点是自重轻、可光控、保温绝热、隔声及装饰性好等。北京、上海、广州、南京等地大型公共建筑广泛采用玻璃幕墙,取得了良好的使用功能和装饰效果。在玻璃幕墙中大量应用热反射玻璃,将建筑物周围景物、蓝天、白云等自然现象都反映到建筑物表面,使建筑物的外表情景交融、层层交错,具有变幻莫测的感觉。

拓展与提高

建筑装饰材料的发展趋势

随着科学技术的不断发展和人类生活水平的不断提高,建筑装饰向着环保化、多功能、高强轻质化、成品化、安装标准化、控制智能化的方向发展。

(1)随着人类环保意识的增强,装饰材料在生产和使用的过程中将更加注重对生态环境的保护,向营造更安全、更健康的居住环境的方向发展。现代建筑装饰材料中,天然的较少,人工合成的较多,大多数装饰材料或多或少地含有一些对人体有害的物质,但那些达到了国家质检环保标准的材料,其有害物质对人体的危害可以忽略不计。

(2)随着市场对装饰空间的要求不断升级,装饰材料的功能也由单一向多元化发展。

(3)随着人口居住的密集和土地资源的紧缺,建筑日益向框架型的高层发展,高层建筑对材料的重量、强度等方面都有新的要求,为便于施工和安全,装饰材料的规格越来越大、质量越来越轻、强度越来越高。

(4)随着人工费的急剧增加、装饰工程量的加大和对装饰工程质量的要求不断提高,为保证装饰工程的工作效率,装饰材料向着成品化、安装标准化方向发展。

(5)随着计算机技术的发展和普及,装饰工程向智能化方向发展,装饰材料也向着与自动控制相适应的方向扩展,商场、银行、宾馆多已采用自动门、自动消防喷淋头、消防与出口大门的联动等设施。

思考与练习

(一)填空题

1. 墙体材料的主要功能是________和________。
2. 天然大理石的光泽易被________,故不宜作室外装饰。

(二)简答题

1. 建筑玻璃有哪些品种？各有何特点？

2. 釉面砖的特点有哪些？

3. 天然大理石有何特点？其板材为何常用于室内？

4. 外墙涂料有哪些基本要求？

5. 花岗岩为何不防火？

任务三　掌握建筑装饰材料的选用

任务描述与分析

建筑物的种类繁多。不同功能的建筑物,对装饰的要求不同。即使同一类型建筑物,也会因设计标准的不同而对装饰的要求也不相同。在建筑装饰工程中,为了确保工程质量——美观和耐久,应当按照不同档次的装修要求,正确合理地选用建筑装饰材料。

知识与技能

(一)装饰材料的基本要求

1. 材料的颜色、光泽、透明性和表面组织

建筑装饰材料除应具有适宜的颜色、光泽、线条与花纹图案及质感(即满足装饰性要求)以外,还应具有保护作用,满足相应的使用要求,即具有一定的强度、硬度、防火性、阻燃性、耐火性、耐候性、耐水性、抗冻性、耐污染性、耐腐蚀性等,有时还需要具有一定的吸声性、隔声性和隔热保温性等。其中,首先应当考虑的是装饰效果。装饰效果是由质感、线条和色彩三个因素构成。装饰效果受到各种因素的影响,主要包括以下几点:

(1)颜色。颜色是材料对光的反射效果。不同的颜色给人以不同的感觉,如红色、橘红色给人一种温暖、热烈的感觉;绿色、蓝色给人一种宁静、清凉、寂静的感觉。装饰材料的颜色要求与建筑物的内外环境相协调,同时应考虑建筑物的类型、使用功能及人们对颜色的习惯心理。

(2)光泽。光泽是材料表面方向性反射光线的性质。材料的光泽是评定材料装饰效果时仅次于颜色的一个重要因素。对光泽的要求也应根据装饰的环境和部位来确定。

(3)透明性。透明性是光线透过材料的性质。根据透明性可将物体分为透明体、半透明体和不透明体。普通建筑物的门窗玻璃大多是透明的,而磨砂玻璃和压花玻璃则是半透明的。透明程度需按照使用功能与整体的协调来设定。

(4)表面组织。材料表面组织可以有许多特征,如光滑或粗糙、平整或凹凸不平、密实或多孔。如果表面处理得当也会产生良好的装饰效果。材料表面组织状况,也应根据总体设计要求与各部位的合理搭配来选定。

2. 形状、尺寸和花纹图案

块材、板材和卷材等装饰材料的形状和尺寸,对装饰效果都有很大的影响,改变材料的形状和尺寸,并配合花纹、颜色、光泽等可拼装出各种线形和图案,从而获得不同的装饰效果,以满足不同的装饰需要。

3. 质感

质感是材料表面组织结构、花纹图案、颜色、光泽、透明性等给人的一种综合感觉。建筑装

饰材料除考虑以上基本要求外，还应具备一定的强度、耐水性、抗火性、耐侵蚀性等基本性质，若同时具有保温、隔热、隔声、吸声、防护等功能则更加理想。

(二)装饰材料的选用

建筑装饰是为了创造环境和改造环境，使自然环境与人造环境高度统一。然而，对各种装饰材料的色彩、色泽、质感、触感及耐久性的不同运用，将会很大程度上影响到环境。因此在选择装饰材料时，必须考虑以下三个原则：

1)装饰效果

材料是建筑装饰工程的物质基础，建筑艺术效果及功能的实现，都是通过运用装饰材料及其配套设备的形体、质感、图案、色彩、功能等所体现出来的。要发挥每一种材料的长处，达到材料的合理配置和材料质感的和谐运用，使建筑物更加舒适美观。

2)耐久性

不同使用部位对材料耐久性的要求往往有所侧重。比如室外装饰材料要经受日晒、雨淋、霜雪、冰冻、风化、介质侵袭等作用，要更多考虑其耐候性、抗冻性、耐老化性等问题；而室内装饰材料要经受摩擦、潮湿、洗刷等作用，更多考虑其抗渗性、耐磨性、耐擦洗性等问题。

3)经济性

从经济角度考虑材料的选择时，既要考虑到工程装饰的一次投资，又要考虑日后的维修费用。

拓展与提高

常用建筑装饰材料进场检验

常用建筑装饰材料进场检验的规定见表9-1。

表9-1　常用建筑装饰材料进场检验

<table>
<tr><th>材料名称</th><th>进场复验项目</th><th>组批原则及取样规定</th></tr>
<tr><td>陶瓷砖</td><td rowspan="2">1. 吸水率(用于外墙)
2. 抗冻性(寒冷地区)</td><td rowspan="2">1. 以同一生产厂、同种产品、同一级别、同一规格，实际的交货量大于5 000 m^2 为一批，不足5 000 m^2 也按一批计
2. 吸水率试验取样：
(1)每块砖的表面积大于0.04 m^2 时，需取5块整砖作测试
(2)每块砖的表面积不大于0.04 m^2 时，需取10块整砖作测试
(3)每块砖的质量小于50 g，则需足够数量的砖使每种测试品达到50～100 g
3. 抗冻性测定试样，需取10块整砖</td></tr>
<tr><td>彩色釉面陶瓷墙地砖</td></tr>
</table>

续表

材料名称	进场复验项目	组批原则及取样规定
陶瓷锦砖(也称“马赛克”)	1. 吸水率 2. 耐急冷急热性	1. 以同一生产厂的产品每500 m^2 为一验收批,不足500 m^2 也按一批计 2. 从表面质量尺寸偏差合格的试样中抽取15块
天然花岗石建筑板材	1. 放射性(室内用) 2. 弯曲强度(石材幕墙工程) 3. 冻融循环 (其他:吸水率、耐久性、耐磨性、镜面光泽度、体积密度)	1. 以同一生产地,同一品种、等级、规格的板材每200 m^3 为一验收批,不足200 m^3 的单一工程部位的板材也按一批计 2. 外观质量、尺寸偏差检验合格的板材中抽取,抽取数量按照GB/T 18601中7.1.3条规定执行。弯曲强度试样尺寸为$(10H+50)\times100\times H$ mm(H为试样厚度,且≤68 mm),每种条件下的试样取5块/组,试样不得有裂纹、缺棱、掉角。抗冻系数试样与弯曲强度一致,无层理石材需试块需试样石块,有层理石材需平行和垂直层理各10块试验
天然大理石	1. 放射性(室内用) 2. 弯曲强度(幕墙工程) 3. 冻融循环	1. 以同一产地、同一品种、等级规格的板材每100 m^3 为一检验批,不足100 m^3 的单一工程部位的板材也按一批计 2. 在外观质量、尺寸偏差检验合格的板材中抽取,抽取数量按照GB/ T19766中7.1.3条规定执行;具体抽样数量同上
铝塑复合板	铝合金板与夹层的剥离强度(用于外墙)	1. 同一生产厂的同一等级、同一品种、同一规格的产品3 000 m^2 为一验收批,不足3 000 m^2 也按一批计 2. 从每批产品中随机抽取3张板,分别在每张板上取25 mm×350 mm的试件两块
1. 装饰单面贴 2. 木面人造板 3. 实木复合地板 4. 中密度纤维板	甲醛释放量	1. 同一地点、同一类别、同一规格产品为一验收批 2. 随机抽取三份,并立即用不会释放或吸附甲醛的包装材料将样品封存
建筑外窗	1. 抗风压性能 2. 空气渗透性能 3. 雨水渗透性能 4. 气密性 5. 传热系数 6. 中空玻璃露点	1. 同一厂家的同一品种、类型规格的门窗及门窗玻璃每100樘划分为一个检验批,不足100樘也为一个检验批 2. 同一厂家的同一品种同一类型的产品各抽查不少于3樘

续表

材料名称	进场复验项目	组批原则及取样规定
幕墙	气密性能	1. 当幕墙面积大于 3 000 m^2 或建筑外墙面积 50% 时，应现场抽取材料和配件，在检测试验室安装制作试件进行检测 2. 应对单一工程中面积超过 1 000 m^2 的每一种幕墙均取一个试件进行检测
幕墙玻璃	1. 传热系数 2. 遮阳系数 3. 可见光透射比 4. 中空玻璃露点	同一厂家同一产品抽查不少于 1 组

思考与练习

（一）填空题

选择装饰材料时必须考虑的三个问题是________、________、________。

（二）简答题

1. 釉面砖的用途有哪些？

2. 建筑装饰材料在选用上遵循哪些原则？

3. 如何鉴别装饰材料的质量？

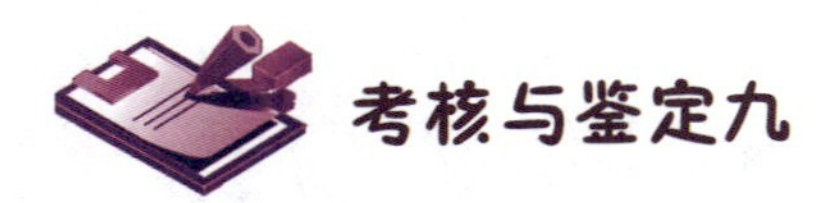

考核与鉴定九

(一)单项选择题

1. 无机装饰材料和有机装饰材料是根据(　　)进行分类的。

A. 化学性能　　B. 装饰部位　　C. 材料材质　　D. 外观尺寸

2. 常见的建筑装饰装修材料,按其化学成分组成可分为(　　)三大类。

A. 沥青材料、有色金属材料、塑料制品材料

B. 金属材料、非金属材料、复合材料

C. 高分子材料、钢材、植物质材料

D. 无机材料、有机材料、复合材料

3. 天然大理石属于(　　)类。

A. 变质岩　　B. 大理岩　　C. 花岗岩　　D. 闪长岩

4. 天然花岗岩属于(　　)类。

A. 花岗岩　　B. 火成岩　　C. 石灰岩　　D. 砂岩

5. 建筑玻璃幕墙使用的玻璃厚度不应小于(　　)mm。

A. 2　　B. 4　　C. 6　　D. 8

6. 下列玻璃中(　　)属于安全玻璃。

A. 浮法平板玻璃　　B. 激光玻璃　　C. 双层中空玻璃　　D. 防弹玻璃

7. 按建筑涂料的主要成膜物质的性质分类主要有(　　)三大类。

A. 水溶性涂料、溶剂性涂料、防火涂料

B. 薄涂层涂料、彩色复合涂料、外墙涂料

C. 复合涂料、有机涂料、无机涂料

D. 防火涂料、内墙涂料、屋面及地面材料

8. (　　)是材料表面的一种特性,在评定材料的外观时,其重要性仅次于颜色。

A. 材质　　B. 功能　　C. 装饰部位　　D. 光泽

9. 纺织装饰品是依其使用环境与用途的不同进行分类的,下面不属于纺织装饰品的有(　　)。

A. 地毯　　B. 墙纸　　C. 挂帷　　D. 石棉

10. 地板的用材是(　　)的最重要的方面。

A. 鉴别地板档次和价格　　B. 性能和价格

C. 档次和性能　　D. 以上都不对

11. 按市场销售的实木地板形式,有三个大类品种,下面不属于其中的是(　　)。

A. 实木地板条　　B. 复合实木地板　　C. 拼花地板块　　D. 立木地板

12. 轻钢龙骨采用镀锌铁板或薄钢板经剪裁冷弯滚轧冲压而成,其中关于龙骨种类表达错误的是(　　)。

A. C 形龙骨:做各种不承重隔墙,两面装以装饰板组成隔墙

B. U 形龙骨、T 形龙骨主要用来做吊顶

C. 有 C 形龙骨、U 形龙骨、T 形龙骨

D. 室内装饰不经常使用轻钢龙骨

13. 铝合金吊顶龙骨材料错误的有(　　)。

A. 轻质　　B. 耐腐蚀　　C. 不易加工　　D. 刚度好

(二)多项选择题

1. 建筑涂料按功能分有(　　)。

A. 防水涂料　　B. 外墙涂料　　C. 内墙涂料　　D. 防火涂料

E. 防霉涂料

2. 墙纸按材料可分为(　　)。

A. 玻璃墙纸　　B. 纸基墙纸　　C. 纺织物壁纸　　D. 天然材料墙纸

E. 塑料墙纸

3. 室外建筑装饰材料主要分为(　　)。

A. 壁纸　　B. 外墙涂料　　C. 装饰石材　　D. 装饰陶瓷

E. 装饰玻璃

4. 不属于按建筑涂料涂层使用部位分类的有(　　)。

A. 防水涂料　　B. 外墙涂料　　C. 内墙涂料　　D. 防火涂料

E. 防霉涂料

5. 装饰玻璃有(　　)。

A. 磨砂玻璃　　B. 压花玻璃　　C. 泡沫玻璃　　D. 玻璃空心砖

E. 陶瓷锦砖

6. 以下属于立筋隔墙形式的有(　　)。

A. 加气混凝土砖隔墙　　B. 木龙骨胶合板隔墙

C. 轻钢龙骨纸面石膏板隔墙　　D. 泰柏板隔墙

E. GRC 板隔墙

7. 装饰材料按其在建筑物中的装饰部位分为(　　)。

A. 内墙装饰材料　　B. 外墙装饰材料

C. 地面装饰材料　　D. 顶棚装饰材料

E. 屋面装饰材料

8. 下列属于有机涂料的是(　　)。

A. 硅溶胶　　B. 乳胶漆　　C. 水玻璃　　D. 石灰水

E. 环氧树脂

9. 地毯的品种较多,按编织工艺分为 (　　)。

A. 编织地毯　　B. 剑麻地毯　　C. 混纺地毯　　D. 簇绒地毯

E. 无纺地毯

10. 以下属于塑料装饰板的有(　　)。

A. 硬质 PVC 平板　　B. 装饰防火板

C. 有机玻璃板　　D. 矿棉装饰吸声板

E. 玻璃钢装饰板

(三)判断题

1. 原木门是环保的产品,没有污染。 ( )

2. 家庭所用的陶瓷也有污染,主要是含有甲醛。 ( )

3. 所有的油漆涂料都含有游离甲醛。 ( )

4. 橱柜的地柜如果调不平整,安装台面后势必造成台面同柜体接触点的不均衡,时间长了可能会发生台面的变形或断裂。 ( )

模块十　其他建筑材料

建筑防水是一个涉及设计、材料、施工和维护管理的复杂工程,但材料是防水工程的基础,防水材料质量直接影响建筑物的使用性和耐久性。

建筑围护结构采用绝热保温材料是节能的有效途径。保温隔热材料的应用,对提高人们生活品质有重要作用。

本模块主要学习任务共两个任务,即防水材料和保温隔热材料。其中防水材料为本模块重点。

学习目标

(一)知识目标

1. 能熟记防水材料的定义;
2. 能了解防水材料和保温绝热材料的作用原理;
3. 能熟悉防水材料和保温绝热材料主要品种的性能特点。

(二)技能目标

能根据各类材料的选用原则适当地选用材料。

(三)职业素养目标

1. 具有遵章守纪和安全生产的基本理念;
2. 养成团结协作的工作作风。

任务一 防水材料

任务描述与分析

建筑物常因雨水或地下水的侵入而影响正常使用。因此，防水、防潮工程对保证建筑物安全使用及延长其寿命有着重要意义。建筑防水是为了防止水对建筑物某些部位的渗透而从建筑材料和构造上所采取的措施。防水多使用在屋面、地下建筑、建筑物的地下部分和需防水的内室和储水构筑物等。按其采取的措施和手段的不同，建筑防水分为材料防水和构造防水两大类。其中，材料防水是靠建筑材料阻断水的通路，以达到防水的目的或增加抗渗漏的能力，如卷材防水，涂膜防水，混凝土及水泥砂浆刚性防水以及黏土、灰土类防水等。防水材料的质量又是保证防水工程是否有效的关键。

知识与技能

(一)防水材料的定义

建筑物的围护结构要防止雨水、雪水和地下水的渗透，要防止空气中的湿气、水蒸气和其他有害气体与液体的侵蚀；分隔结构要防止给排水的渗漏。这些防渗透、渗漏和侵蚀的材料统称为防水材料。

(二)防水材料的分类

防水材料品种繁多，按其主要原料分为四类：

1. 沥青类防水材料

以天然沥青、石油沥青和煤沥青为主要原材料，制成的沥青油毡、纸胎沥青油毡、溶剂型和水乳型沥青类或沥青橡胶类涂料、油膏，具有良好的黏结性、塑性、抗水性、防腐性和耐久性。

2. 橡胶塑料类防水材料

以氯丁橡胶、丁基橡胶、三元乙丙橡胶、聚氯乙烯、聚异丁烯和聚氨酯等原材料，可制成弹性无胎防水卷材、防水薄膜、防水涂料、涂膜材料及油膏、胶泥、止水带等密封材料，具有抗拉强度高，弹性和延伸率大，黏结性、抗水性和耐气候性好等特点，可以冷用，使用年限较长。

3. 水泥类防水材料

对水泥有促凝密实作用的外加剂，如防水剂、加气剂和膨胀剂等，可增强水泥砂浆和混凝土的憎水性和抗渗性；以水泥和硅酸钠为基料配置的促凝灰浆，可用于地下工程的堵漏防水。

4. 金属类防水材料

薄钢板、镀锌钢板、压型钢板、涂层钢板等可直接作为屋面板，用于防水。薄钢板用于地下

室或地下构筑物的金属防水层。薄铜板、薄铝板、不锈钢板可制成建筑物变形缝的止水带。金属防水层的连接处要焊接，并涂刷防锈保护漆。

（三）石油沥青防水材料

石油沥青是石油经分馏加工得到各种不同产品（汽油、煤油、柴油、润滑油等）后所剩残留物。它是由多种复杂的高分子碳氢化合物及其非金属的衍生物所组成的一种混合物。

石油沥青组成成分为油分、树脂及地沥青质。其中油分使石油沥青具有流动性；树脂使石油沥青具有黏附性和塑性；地沥青质能提高石油沥青的黏性和耐热性，但使石油沥青塑性降低。

常用的石油沥青制品有以下几种：

1. 沥青基防水卷材

沥青基防水卷材是指用原纸、玻璃纤维、玻璃布、麻布等为胎基，浸渍石油沥青制成的卷状防水材料。

1）石油沥青油纸

石油沥青油纸（图 10-1）是由低软化点的石油沥青（软沥青）浸渍原纸所制成的一种无涂盖层的防水卷材。按原纸 1 m^2 的质量（克）分为 200 号和 350 号两个标号。油纸适用于建筑防潮和包装，也可用于多层防水的下层。

2）石油沥青油毡

石油沥青油毡则是用高软化点的石油沥青（硬沥青）浸涂油纸的两面，撒布滑石粉或云母粉作隔离层而成防水卷材。按原纸 1 m^2 的质量（克）分为 200，350 和 500 号 3 个标号。油毡多用于防水层的各层或面层。沥青油纸、油毡易腐烂、耐久性差、抗拉强度低，但价格低廉，属低档防水材料。

图 10-1　石油沥青油纸

3）沥青玻璃布（玻璃纤维、麻布）油毡

玻璃布（玻璃纤维、麻布）油毡由玻璃布（玻璃纤维、麻布）胎基两面用硬沥青浸涂，然后撒上滑石粉或云母粉而成。其抗拉强度、柔性、耐腐蚀性、耐久性都优于纸胎油毡，适用于防水性、耐久性、耐蚀性要求较高及振动变形较大的屋面与地下防水工程。

2. 辊压卷材（无胎卷材）

辊压卷材是指用废橡胶粉、石油沥青、化学助剂和填充材料（碳酸钙或石棉粉），经混炼、压延制成的一种质地均匀的无胎基防水卷材，也称再生橡胶油毡。它具有延伸性大、弹性好、抗腐蚀性强、低温柔韧性好等优点，适用于屋面防水工程。

3. 沥青嵌缝油膏

沥青嵌缝油膏是指用石油沥青为基料，加入改性材料、稀释剂和填充料混合制成的冷用膏状材料。常用改性材料有废橡胶粉和硫化鱼油；稀释剂有松焦油和重油等；填充料有石棉绒或滑石粉等，主要用于嵌填各种墙板板缝、分隔缝、变形缝、密封卷材搭接缝及细部构造等。

建筑沥青防水嵌缝油膏属低档材料，性能较差，但价格便宜。

4. 沥青胶(沥青玛𤧛脂)

沥青胶有热用和冷用两种。

热用沥青胶是先将5% ~15%矿粉加热到100 ~110 ℃，然后慢慢地倒入已溶化的沥青中，继续加热均匀搅拌制成。

冷用沥青胶是用石油沥青和稀释剂(汽油、煤油)调成沥青溶液，再加入填充料(5% ~15%的石棉绒、滑石粉)均匀搅拌制成。

沥青胶具有良好的耐热性、黏结性、柔韧性和大气稳定性。沥青胶主要应用于粘贴沥青类防水卷材、嵌缝补漏及做防水或防腐蚀涂层。

5. 冷底子油

冷底子油是用沥青与汽油、煤油、柴油等有机溶剂制成的较稀的冷用沥青涂料。其特点是流动性大，可涂刷或涂抹使用。由于其常温下用于防水工程底部，故称为冷底子油。

冷底子油的渗透性较强，涂刷在砂浆或混凝土等基面上，可以增强基层与沥青类防水材料的黏结力，并使基层底面具有憎水性，从而延长防水工程的使用寿命。

(四)高聚物改性沥青防水材料

1. 高聚物改性沥青防水卷材

高聚物改性沥青防水卷材是指以高聚物为改性材料，石油沥青为基料而制成的防水卷材。

1)弹性体沥青防水卷材(SBS卷材)

弹性体沥青防水卷材是用热塑性弹性体(如SBS、苯乙烯-丁二烯-苯乙烯)改性沥青(简称弹性体沥青)浸渍胎基，两面涂以弹性体沥青涂盖层，再以聚乙烯薄膜为隔离层，制成的一种防水卷材。它具有耐热性好、低温柔韧性好、延伸性大、弹塑性较高、抗拉强度较高等优点。该类防水卷材适用于各类建筑防水、防潮工程，尤其适用于寒冷地区的建筑物防水。

2)塑性体沥青防水卷材(APP卷材)

塑性体沥青防水卷材是用热塑性树脂(如无规聚丙烯)改性沥青(简称塑性体沥青)浸渍胎基，两面涂以塑性体沥青涂盖层，再以塑料薄膜为隔离层，制成的一种防水卷材。它具有耐热度高、塑性好、抗拉强度高、耐腐蚀性好、耐紫外线老化性能好、低温柔韧性好等优点，适用于屋面工程、地下及道桥工程的防水，尤其适用于紫外线强烈和炎热地区的屋面防水工程。

2. 高聚物改性沥青密封膏

高聚物改性沥青密封膏是指用一种人工合成的高分子材料(如橡胶、树脂)对沥青改性，并加入助剂和填料配制成的冷用防水密封膏。用橡胶改性沥青配制成橡胶沥青防水密封膏；用SBS改性沥青配制成SBS弹性体沥青防水密封膏。密封膏具有良好的耐热性、耐寒性和不透气性等优点,可用于嵌填建筑物的水平、垂直缝及各种构件节点的防水,使用很普遍。

3. 高聚物改性沥青防水涂料

高聚物改性沥青防水涂料是指用一种将高分子改性材料和沥青按比例混合,并加入溶剂配制成的防水涂料。

1)氯丁橡胶沥青防水涂料

氯丁橡胶沥青防水涂料是以氯丁橡胶和沥青为基料,并加入填料和溶剂等,经充分搅拌均匀制成的防水涂料。其主要成分氯丁橡胶的弹性和耐候性优于沥青,具有适应变形能力强、抗拉强度高、耐老化性能好、耐水性好、黏结性好、耐腐蚀性强等优点,适用于屋面、楼面、墙体、地下室、设备管道等部位的防水。

2)再生橡胶沥青涂料

再生橡胶沥青涂料是以石油沥青和再生橡胶为主要原料,以汽油和煤油为混合溶剂,加入适量填料配制成的防水涂料。它具有良好的防水性、抗裂性、耐寒性和抗老化性,是柔性最好的防水涂料,主要用于混凝土基层屋面防水、沥青珍珠岩保温屋面防水、地下混凝土防潮和刚性自防水屋面的维修工程。

(五)合成高分子防水材料

1. 合成高分子防水卷材

合成高分子系列防水卷材包括橡胶基防水卷材、树脂基防水卷材和橡胶-树脂共混防水卷材。具体品种、性质和应用见表10-1。

表10-1　合成高分子防水卷材

类别	品种	主要组成	主要性质和特点	应　用
橡胶基防水卷材	三元乙丙橡胶防水卷材	以三元乙丙橡胶为主料,掺加少量丁基橡胶、硫化剂、促进剂、软化剂、填料等组成	(1)单位面积质量轻,约2 kg/m^2 (2)延度大,450%~700% (3)不透水性:300 min,0.3 MPa (4)抗拉强度高,$\sigma_b \geqslant 7$ MPa (5)脆性温度低,≤ -45 ℃ (6)抗老化性高,寿命≥20年 (7)耐腐蚀性能好	工业与民用建筑屋面、地下室防水,地下防水工程、蓄水池等构筑物防水,寒冷地区防水工程
	氯磺乙烯防水卷材	以氯磺乙烯为基料,掺加交联剂、防老剂、促进剂、软化剂、填料等组成	(1)延度大,≥140% (2)不透水性:30 min,0.3 MPa (3)抗拉强度高,$\sigma_b \geqslant 3.5$ MPa (4)脆性温度,≤ -25 ℃ (5)耐热度:120 ℃ (6)抗老化性高,寿命≥20年 (7)耐腐蚀性能好	工业与民用建筑屋面、地下防水工程、有腐蚀介质作用的建筑的防水

续表

类别	品种	主要组成	主要性质和特点	应　用
树脂基防水卷材	聚氯乙烯防水卷材	以聚氯乙烯树脂为主料，掺加软化剂、填充剂、增塑剂、抗氧剂、助剂等组成	(1)延度大，120%～300% (2)不透水性：≥0.2 MPa (3)抗拉强度高，σ_b≥7 MPa (4)脆性温度低，≤-20 ℃ (5)使用寿命：10～15年	工业与民用建筑屋面、地下防水工程、蓄水池等构筑物防水
	氯化聚乙烯防水卷材	以含氯量为30%～40%的氯化聚乙烯为主料，掺加适量助剂和填料等组成	(1)延度大，≥100% (2)不透水性：≥0.2～0.3 MPa (3)抗拉强度高，σ_b≥5 MPa (4)脆性温度，≤-20 ℃ (5)抗老化性高，寿命≥15年 (6)耐腐蚀性能好	工业与民用建筑屋面、地下防水工程、蓄水池等构筑物防水
橡胶-树脂基防水卷材	氯化聚乙烯-橡胶共混防水卷材	以含氯量为30%～40%的氯化聚乙烯和橡胶为主料，掺加适量的交联剂、防老剂、稳定剂和填充剂等组成	(1)延度大，150%～450% (2)不透水性：30 min，0.2 MPa (3)抗拉强度高，σ_b≥7 MPa (4)脆性温度低，≤-40 ℃ (5)使用寿命：≥20年	工业与民用建筑屋面、地下防水工程、蓄水池等构筑物防水；寒冷地区和有大变形的防水工程

2. 合成高分子密封膏和防水涂料

合成高分子系列防水密封膏和防水涂料包括橡胶基和树脂基两类。具体品种、性质和应用见表10-2。

表10-2　合成高分子密封膏和防水涂料

类别	品种	主要组成	主要性质和特点
橡胶基密封膏	聚氨酯建筑密封膏	由异氰酸酯与聚醚反应制成预聚体，掺加增塑剂、填充剂以及固化剂等组成	弹性好，耐油、耐水、耐酸碱性好，延度大(200%～500%)，脆性温度低(-30～-40 ℃)，黏结性好，寿命长(25～30年)
	聚硫橡胶建筑密封膏	以液态聚硫橡胶和填充料为主料，与金属过氧化物等交联剂组成	耐候性好，气密性极佳，弹性好，脆性温度低(≤-40 ℃)，耐热度达90 ℃，黏结性好，寿命≥30年
	氯磺化聚乙烯建筑密封膏	以氯磺化聚乙烯为主料，掺加适量的硫化剂、促进剂、软化剂、填充剂等组成	弹性好，耐油、耐水、耐酸碱性好，延度大(100%～200%)，脆性温度低(≤-20 ℃)，耐热度达100 ℃，黏结强度高，寿命≥15年

续表

类别	品种	主要组成	主要性质和特点
树脂基密封膏	丙烯酸建筑密封膏	以丙烯酸、丙烯酸酯与其他单体共聚乳液为基料，掺加少量的表面活性剂、增塑剂、改性剂、助剂、填充料和颜料等组成	黏结性好，延度高（200% ~350%），脆性温度低（≤-34 ℃），耐热度达 80 ℃，不易燃，不污染材料表面，寿命≥15 年

拓展与提高

石油沥青的主要技术指标

1）稠度（黏性）

液体沥青用黏滞度（又称标准黏度）表示。黏滞度是指在一定温度（25 ℃或 60 ℃）条件下，一定量的液体沥青从直径为 3.5 mm（或 10 mm）的孔漏下 50 mL 所需的时间（s）。黏滞度值越大，表示沥青越稠，黏性越大。

半固体或固体沥青用针入度表示。针入度是指在一定温度（25 ℃）条件下，标准针（质量为 100 g）经历 5 s 沉入沥青的深度，以 0.1 mm 为单位计算。针入度值越大，流动性越大，沥青越软，黏性越小。

2）塑性

塑性是指沥青在外力作用下变形能力的大小，变形能力越大，表示塑性越好。

沥青的塑性常用延度表示。延度是指将沥青试件制成 8 字形标准试件，中间最窄处断面为 1 cm^2，在规定温度（25 ℃）规定速度（5 cm/min）的条件下进行拉伸，拉断时的长度（cm）即为延度。延度越大，沥青的塑性越好。

3）温度稳定性

温度稳定性是指石油沥青的黏性和塑性随温度升降而变化的性能。温度升高时，沥青由固体逐渐变软，最后变为液体；温度降低时，沥青可由液体凝固为固体，最后变硬变脆。

沥青的温度稳定性常用软化点表示。软化点指将沥青试件装入标准的铜环内，在其上放置标准钢球（直径 9.53 mm，质量 3.5 g），一起放入水或甘油中，并以 5 ℃/min 的速度加热，试件受热软化下垂至 25.4 mm 时的温度。软化点高，沥青的耐热性好，即温度稳定性（又称温度敏感性）越好，但软化点过高，又不易加工和施工；软化点低的沥青，夏季高温时易产生变形，甚至流淌。

4）大气稳定性

大气稳定性（又称抗老化性）是指石油沥青在大气作用下抵抗老化的性能。沥青的老化是指在热、光、氧气等大气因素作用下，使沥青的黏性增大、流动性变小，以致变硬、变脆的现象。

大气稳定性常用蒸发质量损失率和蒸发后针入度比表示。首先测出沥青试件的质量和针入度,然后将试件在160 ℃下加热5 h,待冷却后再测出其质量和针入度,最后按下式计算:

蒸发质量损失率(%)=[(烘干前质量-烘干后质量)/烘干前质量]×100%

蒸发后针入度比(%)=(烘干后针入度/烘干前针入度)×100%

蒸发质量损失率越小,针入度比越大,则表示沥青的大气稳定性越好,老化越慢。

5)闪点和燃点

闪点(又称闪火点)是指加热沥青产生的可燃气体和空气的混合物,在规定条件下与火焰接触,初次产生蓝色闪光时的沥青温度。沥青闪点不应低于180~230 ℃。

燃点(又称着火点)指加热沥青产生的气体和空气的混合物,与火焰接触能持续燃烧5 s以上时沥青的温度。燃点温度比闪点温度约高10 ℃。

闪点和燃点的高低,关系到运输、贮存和加热使用等方面的安全,是重要的安全指标。

煤沥青、改性沥青

1)沥青的特点及分类

沥青是一种有机胶凝材料,是由复杂的高分子碳氢化合物及非金属(氧、硫、氮等)衍生物组成的混合物,具有良好的黏结性、塑性、不透水性和不导电性,能抵抗一般酸、碱及盐类的侵蚀,是建筑工程中应用最广泛的一种防水材料。

沥青可分为地沥青和焦油沥青两大类。地沥青包括石油沥青和天然沥青;焦油沥青包括煤沥青、木沥青、泥炭沥青和页岩沥青。工程中常用的沥青材料主要为石油沥青和煤沥青,石油沥青的技术性质优于煤沥青,在工程中应用更为广泛。

2)煤沥青

煤沥青是炼制焦炭或制造煤气时所得到的副产品。按软硬程度不同,煤沥青可分为硬煤沥青和软煤沥青两种;根据蒸馏温度不同,煤沥青可分为低温煤沥青、中温煤沥青和高温煤沥青3种。建筑上所采用的煤沥青多为黏稠或半固体的低温煤沥青。

煤沥青主要成分为油分、软树脂、硬树脂、游离碳和少量酸碱物质等。性能参数有黏性、塑性、温度敏感性和大气稳定性。

质量等级按软化点和挥发性等性能参数,划分为1号和2号两个指标。

煤沥青与石油沥青有不少相同点,外观也相似,但两者的组分不同。煤沥青具有如下特点:防腐蚀能力较好,与矿物材料的黏结性较好,但化学稳定性、大气稳定性、温度稳定性差,防水性不及石油沥青。煤沥青一般用于地下防水、防腐工程。

煤沥青中含有酚、奈、蒽等有毒物质,具有较高的抗微生物防腐蚀能力,故防腐蚀能力较好,适用于木材的防腐处理。酚、奈、蒽等有毒且味臭,酚易溶于水,污染水质,对人体有害,使用时应注意。

煤沥青和石油沥青不能混合使用,且它们的制品也不能相互粘贴或直接接触,否则易分层、成团,失去胶凝性,造成无法使用或防水效果降低的情况。

煤沥青与石油沥青在外观上有些相似,如不加以认真鉴别,易将它们混存或混用,造成防水材料的品质变坏。两者的简易鉴别方法见表10-3。

表 10-3 煤沥青和石油沥青的简易鉴别方法

鉴别方法	煤沥青	石油沥青
密度	约 1.25 g/cm^3	接近于 1.0 g/cm^3
锤击	韧性差(性脆),声音清脆	韧性较好,有弹性感,声哑
燃烧	烟呈黄色,有刺激性臭味	烟无色,无刺激性臭味
溶液颜色	用 30 ~ 50 倍汽油或煤油溶化,用玻璃棒蘸一点滴于滤纸上,斑点内棕外黑	按煤沥青方法试验,斑点呈棕色

3)改性沥青

改性沥青是对沥青进行氧化、乳化、催化或者掺入橡胶、树脂等物质,使得沥青的性质发生不同程度的改善而得到的产品。

按掺用高分子材料的不同,改性沥青一般分为橡胶改性沥青、树脂改性沥青、橡胶树脂改性沥青、再生胶改性沥青及矿物填充料改性沥青等。

(1)橡胶改性沥青

掺入橡胶(天然橡胶、丁基橡胶、氯丁橡胶、丁苯橡胶、再生橡胶)的沥青,具有一定橡胶特性,其气密性、低温柔性、耐化学腐蚀性、耐光性、耐候性、耐燃烧性均得到改善,可用于制作卷材、片材、密封材料或涂料。

(2)树脂改性沥青

用树脂改性沥青,可以提高沥青的耐寒性、耐热性、黏结性和不透水性。常用品种有聚乙烯、聚丙烯、酚醛树脂等。

(3)橡胶树脂改性沥青

同时加入橡胶和树脂,可使沥青同时具备橡胶和树脂的特性,性能更加优良。主要产品有片材、卷材、密封材料、防水涂料。

(4)矿物填充料改性沥青

在沥青中掺入矿物填充料,用于增加沥青的黏结力、耐热性等,减小沥青的温度敏感性。常用的矿物粉有滑石粉、石灰粉、云母粉、石棉粉、硅藻土等。

思考与练习

(一)填空题

1. 防水材料按主要原料分为________、________、________、________。
2. 石油沥青组成成分为________、________及________。
3. 石油沥青的主要技术指标有________、________、________、________。

(二)简答题

1. 什么是石油沥青?石油沥青的制品有哪些?

2. 石油沥青的组分有哪些?分别对沥青的性能有何影响?

3. 常用改性沥青有哪几种?各有何特点?

4. 什么是石油沥青的温度稳定性?用什么表示?

5. 煤沥青的防水性为什么不如石油沥青?

6. 石油沥青牌号划分的主要依据是什么?用什么指标表示?

任务二 保温隔热材料

任务描述与分析

建筑节能是可持续发展概念的具体体现,也是世界性建筑设计潮流,同时又是建筑科学技术的新增长点。设计、建造和使用节能建筑有利于国民经济持续、快速、健康发展,保护生态环境。为使能耗达到节能标准要求,节能建筑广泛使用各种保温隔热材料。

知识与技能

(一)保温隔热材料的定义

通常把导热系数(λ)低于 0.23 W/(m·K)和表观密度小于 1 000 kg/m^3 的建筑材料称为保温材料或隔热材料。由于保温隔热材料为多孔结构,具有轻质、吸声等性能,故也可用作吸声材料。

(二)保温隔热材料的分类

1. 按化学成分不同划分

(1)无机保温材料;

(2)有机保温材料。

2. 按使用温度不同划分

(1)耐火隔热材料:使用温度 >650 ℃;

(2)保温材料:使用温度为室温至 650 ℃;

(3)保冷材料:使用温度小于室温。

3. 按材料构造不同划分

(1)微孔状保温材料;

(2)气泡状保温材料;

(3)纤维状保温材料;

(4)夹层状保温材料。

4. 按材料形态不同划分

(1)黏稠膏体保温材料:适用于异形物保温;

(2)软质保温材料:适用于各种形体的保温;

(3)硬质保温材料:适用于非异形物保温。

(三)无机保温材料

1. 纤维材料

纤维保温材料分为天然纤维材料(石棉)和人造纤维材料(矿渣棉、岩石棉和玻璃棉)。

1)石棉及其制品

石棉是火成岩中的一种非金属矿物,通常所用的是温石棉。此种石棉纤维柔软,具有保温、耐热、耐火、防腐、隔声、绝缘等性质。建筑上常用的石棉制品有石棉粉、石棉纸板及石棉毡等。

2)矿渣棉及其制品

矿渣棉是以工业废料矿渣为原料,将熔融矿渣或自高炉流出的熔融物用蒸汽喷射或离心法制成的絮状保温材料。矿渣棉质轻、导热系数小、耐腐蚀、化学稳定性好,一般用作填充保温材料。为了施工方便,可用沥青或酚醛树脂作为胶结材料,制成各种规格的板、毡和管壳等制品,如图 10-2 所示。

3)岩棉及其制品

岩棉是以火山玄武岩为主要原料,加入石灰石(助熔剂),经高温熔化、蒸汽或压缩空气喷吹而成的短纤维状的保温材料。岩棉的性质与矿渣棉相近,可直接用作填充保温材料,也可用沥青或水玻璃作胶凝材料,制成岩棉板材、毡和管壳等,如图 10-3 所示。

4)玻璃棉及其制品

玻璃棉是将玻璃熔化,用离心法或气体喷射法制成的絮状保温材料。其表观密度为 100 ~ 150 kg/m^3,导热系数为 0.035 ~0.058 W/(m·K),不燃、不腐,有较高的化学稳定性,常制成絮状、毡状或带状制品,制品可用石棉线、玻璃线或软铁丝缝制,也可用黏结物质将玻璃棉粘制成所需的形状,如图 10-4 所示。玻璃棉可用作 45 t 以下的重要工业设备和管道的表面隔热,也可用于运输工具、建筑中的隔热材料或吸声材料。

图 10-2 矿渣棉制品

图 10-3 岩棉制品

图 10-4 玻璃棉制品

2. 粒状材料

1)膨胀珍珠岩及其制品(图 10-5)

膨胀珍珠岩是以珍珠岩、黑曜岩或松脂岩为原料,经破碎、焙烧使内部结合水及挥发性成分急剧膨胀并速冷而成的白色松散颗粒。它具有质轻、吸声等特性,是一种超轻高效能保温材料。

图 10-5 膨胀珍珠岩及其制品

2）膨胀蛭石及其制品（图 10-6）

膨胀蛭石是以天然蛭石为原料，经破碎、焙烧，体积急剧膨胀（约 20 倍）为薄片、层状的松散颗粒。其表观密度为 80 ~ 120 kg/m^3，导热系数为 0.047 ~ 0.07 W/（m · K），是一种很好的保温材料。膨胀蛭石可直接铺设保温隔热层，也可用水泥、水玻璃等胶结材料配制成各种形状的保温制品，还可制成膨胀蛭石粉刷灰浆，涂刷墙面作保温层。

图 10-6 膨胀蛭石及其制品

3. 多孔材料

多孔材料内部具有大量微孔，有良好的保温性能。常用的多孔保温材料有加气混凝土、泡沫混凝土、微孔硅酸钙、泡沫玻璃等。

1）微孔硅酸钙制品

微孔硅酸钙制品是一种用 65% 硅藻土、35% 石灰，加入 5.5 ~ 6.5 倍质量的水，再加入 5% 石棉和水玻璃，经拌和、成型、蒸压处理而制成。其表观密度小于 250 kg/m^3，导热系数为 0.041 W/（m · K），最高使用温度为 650 ℃。它一般用于围护结构及管道保温，其保温性能优于膨胀珍珠岩和膨胀蛭石制品。

2）泡沫玻璃

泡沫玻璃是一种用碎玻璃加入发泡剂（石灰石或焦炭）经焙烧至熔融、膨胀而制成的一种高级保温材料。其为多孔结构，气孔率可达 80% ~ 90%，导热系数为 0.042 ~ 0.049 W/（m · K），表观密度为 150 ~ 220 kg/m^3。其抗压强度高，抗冻性、耐久性良好，一般用作冷藏库的隔热材料、高层建筑框架的填充材料及加热设备的表面隔热材料等。

4. 无机保温砂浆

无机保温砂浆是一种用于建筑物内外墙粉刷的新型保温节能砂浆材料，以无机类的轻质保温颗粒作为轻骨料,加由胶凝材料、抗裂添加剂及其他填充料等组成的干粉砂浆,具有节能利废、保温隔热、防火防冻、耐老化的优异性能以及价格低廉等特点,有着广泛的市场需求。

(四)有机保温材料

1. 软木及软木板

软木的原料为栓皮栎或黄菠萝树皮,胶料为皮胶、沥青、合成树脂等。不加胶料的要经模压、烘焙(400 ℃)而成,加胶料的需在模压前加胶料。软木含有大量微小封闭气孔,故有良好的保温性能。其导热系数为 0.058 W/(m·K),表观密度分别小于 180 kg/m³(不加胶料的)和 260 kg/m³(加胶料的),最高使用温度为 120 ℃。软木只有阻燃作用,不起火焰。散粒软木可作填充材料,软木板可用于冷藏库隔热。

2. 水泥木丝板及水泥刨花板

将刨木丝用 5% 氯化钙溶液处理后,再与 32.5 级水泥按比例拌和(1 kg 木丝加 1.3 ~ 1.5 kg水泥),经模压、养护即成水泥木丝板。根据压实的程度可分为保温与构造木丝板两种。保温板的表观密度为 350 ~400 kg/m³,导热系数为 0.11 ~0.13 W/(m·K),主要用于墙体和屋顶隔热。水泥刨花板的生产工艺及用途与木丝板相同。

3. 泡沫塑料

泡沫塑料是以树脂为基料,加入一定量的发泡剂、催化剂、稳定剂等,经加热发泡膨胀而制成的轻质保温材料。品种有聚苯乙烯泡沫塑料、聚氯乙烯泡沫塑料、聚氨酯泡沫塑料、脲醛泡沫塑料等。其导热系数一般都小于 0.047 W/(m·K),最高使用温度不高于 80 ℃。泡沫塑料常用于填充围护结构或夹在其他材料中间制作夹芯板。

4. 轻质钙塑板

轻质钙塑板是由轻质碳酸钙和高压聚乙烯与适量的发泡剂、交联剂、激发剂等,经混炼、热压而成的板材。其表观密度为 100 ~150 kg/m³,导热系数为 0.047 W/(m·K),最高使用温度为 80 ℃。

5. 软质纤维板

软质纤维板是用木材加工废料,经破碎、蒸解或用碱液浸泡、打装、装模、压缩脱水、干燥而成。其表观密度为 300 ~350 kg/m³,导热系数为 0.041 ~0.052 W/(m·K),常用于墙体和屋顶隔热。

目前常用的有机保温材料如图 10-7 所示。

图 10-7 有机保温材料

拓展与提高

石棉粉

石棉粉(图10-8)是由石棉和胶结材料混合而成的粉状材料,常用的有碳酸镁石棉粉和硅藻土石棉粉等。石棉粉的导热系数 $\lambda<0.12\ W/(m\cdot K)$,耐热度>450 ℃;硅藻土石棉粉(俗称鸡毛灰)的耐热度>900 ℃。石棉粉主要用于包裹蒸汽管道、锅炉及可能散热的热工设备表面,以防热量损失。

图10-8　石棉粉

图10-9　石棉纸、板

石棉纸、板

石棉纸、板(图10-9)是由石棉纤维与胶结材料混合后加水打浆,经抽取、加压、干燥而成。石棉纸厚度为0.3~1 mm,石棉板厚度为1~25 mm,最高使用温度为600 ℃,主要用于热表面的隔热及保温、防火覆盖层等。

吸声材料

1. 材料的吸声性能

吸声材料是指对入射声能具有较大吸收作用的材料。

声音来源于物体的振动,以声波的形式传播。声音在传播的过程中,一部分由于声能随着距离的增大而扩散,另一部分则因空气分子的吸收而减弱。当声波遇到材料表面时,一部分被反射,另一部分穿透材料,其余的声能转化为热能而被吸收。被材料吸收的声能 E(包括部分穿透材料的声能在内)与原先传递给材料的全部声能 E_0 之比,是评定材料吸声性能好坏的主要指标,称为吸声系数(α),用公式表示如下:

$$\alpha=\frac{E}{E_0}$$

材料的吸声性能除了与材料本身性质、厚度及材料表面状况(有无空气层及空气层的厚度)有关外,与声波的入射角及频率也有关。一般而言,材料内部开放连通的气孔越多,吸声性能越好。同一种材料,对于高、中、低不同频率的吸声系数不同,为了全面反映材料的吸声性能,往往取多个频率下的吸声系数的均值来全面评价其吸声性能。

2. 吸声材料的类型及其结构形式

1) 多孔吸声结构

多孔吸声结构是主要的吸声材料,具有良好的高频吸声性能。其吸声性能与材料的表观密度和内部构造有关。

2)薄板振动吸声结构

薄板振动吸声结构的特点是具有低频吸声特性,同时还有助于声波的扩散。

3)共振吸声结构

共振吸声结构具有密闭的空腔和较小的开口孔隙,很像个瓶子。当瓶腔内空气受到外力激荡时,会按一定的频率振动,这就是共振吸声器。每个独立的共振吸声器都有一个共振频率,在其共振频率附近,由于颈部空气分子在声波的作用下像活塞一样进行往复运动,因摩擦而消耗声能。若在腔口蒙一层细布或疏松的棉絮,可以加宽共振频率范围和提高吸声量。

4)穿孔板组合共振吸声结构

穿孔板组合共振吸声结构具有适合中频的吸声特性。这种吸声结构与单独的共振吸声器相似,可看作多个单独共振吸声器并联而成,在建筑中使用比较普遍。

5)悬挂空间吸声结构

悬挂于空间的吸声体,由于声波与吸声材料的两个或两个以上的表面接触,增加了有效的吸声面积,产生边缘效应,加上声波的衍射作用,大大提高吸声效果。

6)帘幕吸声结构

帘幕吸声结构是用具有通气性能的纺织品,安装在离开墙面或窗洞一段距离处,背后设置空气层。这种吸声体对中、高频都有一定的吸声效果。帘幕吸声体安装、拆卸方便,兼具装饰作用,应用价值高。

思考与练习

(一)填空题

1. 保温隔热材料按主要原料分为________、________。
2. 常见的有机保温材料有________、________、________、________及________。

(二)简答题

1. 列举你所熟悉的保温绝热材料的特点和用途。

2. 举例说明工程上使用无机保温材料和有机保温材料的品种和特点。

3. 什么是吸声材料？其性能参数是什么？

考核与鉴定十

(一)单项选择题

1. 下列表述正确的是(　　)。

A. 沥青总是被塑性破坏

B. 沥青总是被脆性破坏

C. 沥青可能被塑性破坏,也可能被脆性破坏

D. 沥青既不会被塑性破坏,也不会被脆性破坏

2. 赋予石油沥青以流动性的成分是(　　)。

A. 油分　　B. 树脂　　C. 沥青脂胶　　D. 地沥青质

3. 道路石油沥青及建筑石油沥青的牌号是按其(　　)划分的。

A. 针入度　　B. 软化点平均值

C. 延度平均值　　D. 沥青中油分含量

4. 赋予石油沥青以黏结性和塑性的成分是(　　)。

A. 油分　　B. 树脂　　C. 沥青脂胶　　D. 地沥青质

5. 沥青胶增加(　　)掺量能使耐热性提高。

A. 水泥　　B. 矿粉　　C. 减水剂　　D. 石油

6. 石油沥青的(　　)是决定沥青耐热性、黏性和硬性的技术指标。

A. 针入度　　B. 延度　　C. 软化点　　D. 油分含量

7. 石油沥青的延度下降时,(　　)。

A. 塑性上升　　B. 塑性下降　　C. 黏度上升　　D. 黏度下降

8. 下列材料中,(　　)是有机绝热材料。

A. 膨胀珍珠岩　　B. 岩棉　　C. 软木板　　D. 膨胀蛭石

9. 无机绝热材料一般是由(　　)的材料经加工而成。

A. 动物类　　B. 矿物类　　C. 生物类　　D. 植物性

10. 下列材料中,不是无机绝热材料的是(　　)。

A. 膨胀珍珠岩　　B. 岩棉　　C. 软木板　　D. 膨胀蛭石

11. 属于普通沥青防水卷材的是(　　)。

A. 石油沥青纸胎防水卷材

B. 弹性体改性沥青防水卷材

C. 三元乙丙橡胶防水卷材

D. 聚氯乙烯防水卷材

12. 不属于石油沥青技术性质的是( )。
A. 黏滞性　B. 塑性　C. 温度敏感性　D. 抗风化性

(二)多项选择题

1. 目前合成高分子防水卷材有( )。
A. PVC 防水卷材　B. 三元乙丙橡胶防水卷材
C. SBS 橡胶改性沥青柔性油毡　D. 沥青胶
E. 氯化聚乙烯-橡胶共混防水卷材
2. 沥青防水卷材的( )。
A. 温度稳定性好　B. 延伸率大
C. 温度稳定性差　D. 延伸率小
3. 常用对沥青进行改性的方法有( )。
A. 矿物填充料改性　B. 聚合物改性
C. 乳化改性　D. 再生橡胶改性
E. 橡胶和树脂共混改性
4. 改性沥青若使用矿物填充料,可选择( )等。
A. 黏土　B. 滑石粉　C. 水泥　D. 磨细生石灰粉
E. 石棉粉
5. 选用沥青材料的原则是根据( )来选用不同的品种和牌号的沥青。
A. 施工方法　B. 工性性质　C. 保存期短　D. 使用部位
E. 气候条件
6. 建筑上常用的防水卷材有( )。
A. PVC 防水卷材　B. 沥青防水卷材
C. 高聚物改性沥青防水卷材　D. 合成高分子防水卷材
7. 下列保温绝热材料中适用于钢筋混凝土屋面的是( )。
A. 膨胀珍珠岩　B. 岩棉　C. 加气混凝土　D. 膨胀蛭石
8. 常用的无机绝热材料有( )。
A. 玻璃棉及制品　B. 岩棉及制品　C. 泡沫塑料　D. 泡沫玻璃
9. 膨胀蛭石及制品的特性是( )。
A. 导热系数大　B. 表观密度小　C. 导热系数小　D. 表观密度大

(三)判断题

1. 石油沥青随着蜡的质量分数降低,其黏结性和塑性降低。( )
2. 沥青的黏性用延度表示。( )
3. 石油沥青的沥青质使沥青具有黏结性和塑性。( )
4. 石油沥青是石油中相对分子量大、组成及结构最为复杂的部分。( )
5. 绝热材料是保温材料和隔热材料的统称。( )

参考文献

[1] 李书进. 土木工程材料[M]. 2 版. 重庆:重庆大学出版社,2014.
[2] 彭小芹. 土木工程材料[M]. 3 版. 重庆:重庆大学出版社,2013.
[3] 张志国,曾光廷. 土木工程材料[M]. 武汉:武汉大学出版社,2013.
[4] 陈斌. 建筑材料[M]. 3 版. 重庆:重庆大学出版社,2018.
[5] 毕万利. 建筑材料[M]. 2 版. 北京:高等教育出版社,2011.
[6] 许明丽,崔瑞,张志. 建筑材料[M]. 武汉:华中科技大学出版社,2014.
[7] 卢经扬,余素萍. 建筑材料[M]. 3 版. 北京:清华大学出版社,2016.
[8] 蒋建清. 材料员[M]. 北京:中国环境科学出版社,2013.
[9] 夏文杰,余晖,刘永户. 建筑与装饰材料[M]. 2 版. 北京:北京理工大学出版社,2014.
[10] 黄家骏. 建筑材料与检测技术[M]. 武汉:武汉理工大学出版社,2004.